软装设计手册

DECORATION
DESIGN
BOOK

李江军 编

U0332178

中国电力出版社
CHINA ELECTRIC POWER PRESS

内容提要

本书内容突破了传统的理论框架，首创基础知识与实战案例结合的编写模式，是软装设计师的必读宝典。书中深入解读了软装色彩搭配方法，内容包括 88 个色彩实例解析、13 类室内设计软装风格设计速查，七大软装元素的应用技巧与搭配准则等。

图书在版编目（CIP）数据

软装设计手册 / 李江军编. -- 北京：中国电力出版社, 2017.1
ISBN 978-7-5123-9850-4

Ⅰ.①软⋯　Ⅱ.①李⋯　Ⅲ.①室内装饰设计－手册　Ⅳ.①TU238.2-62

中国版本图书馆CIP数据核字(2016)第238853号

中国电力出版社出版发行
北京市东城区北京站西街19号　　100005　　http://www.cepp.sgcc.com.cn
责任编辑：曹　巍　　责任印制：蔺义舟　　责任校对：郝军燕
北京盛通印刷股份有限公司印刷·各地新华书店经售
2017年1月第1版·第1次印刷
889mm×1194mm 1/16·17印张492千字
定价：168.00元

前言
FOREWORD

真正完整的室内装饰实际上由两部分构成，即硬装与软装。软装设计是室内设计中非常重要的一个环节，是指在某个特定空间内将家具陈设、家居配饰等元素通过完美的设计手法将所要表达的空间意境呈现出来。软装范畴包括家庭住宅、商业空间，如酒店、会所、餐厅、酒吧、办公空间等。软装应用于室内设计中，不仅可以给居住者视觉上的美好享受，也可以让人感觉到温馨、舒适，具有自身独特的魅力。

完整的室内空间，必定是色彩、风格、灯光等元素相协调的整体。因此，想要做一名优秀的软装设计师，一方面需要非常了解足够数量软装饰品的颜色、质感、规格、价格等特点，在选择的时候才有可能找到适合设计主题的元素，保证设计主题所指引的最终效果能够实现；另一方面必须掌握熟练的搭配技巧，运用自己对色彩、质感和风格的整体把握和审美能力，将家具、灯饰、挂画、布艺、饰品、花艺、绿植等软装元素进行统一规划，通过软装配饰设计的不断调整完成整体艺术效果，塑造出别样的生活气息，构造出心灵空间。

本书历时一年多时间编写，内容分为软装设计基础、软装色彩搭配、软装元素运用、软装风格速查四大篇章，邀请国内外多位软装设计行业的专家担任本书顾问，不仅详细梳理了色彩、图案、家具、灯饰、布艺、花艺、装饰画、工艺品等八大软装元素的设计应用，而且对当今主流的十三大室内风格的装饰特点、常用元素以及软装搭配手法进行了深入分析与阐述。

此外，本书兼具实用性与观赏性的双重特点，在注重软装艺术基础理论的同时，还重视实践操作，书中不仅邀请色彩学专家对88个色彩搭配案例做了详细解读，同时还收录了24套不同风格的软装设计经典案例。相对于目前市场上的软装类书籍，本书对软装元素的介绍更为丰富，且详细分析了各种元素在各个空间、各种风格中的应用，内容更加丰富实用，是室内设计、室内陈设、环艺设计等在校师生和设计师的案头必备用书。

◇

第三章 软装元素运用

◇

第四章 软装风格速查

第一章 软装设计基础

真正完整的室内装饰实际上由两部分构成

即硬装修与软装饰

前期硬装完成结构的划分、布局的安排、基础的铺设后

软装才能粉墨登场

如果把硬装比作居室的躯壳

软装则是其

精髓与灵魂之所在

第一节 软装的概念和作用

★ 本章特约软装专家顾问

徐 开明

毕业于中国美院，6 年平面设计师工作经验，8 年软装设计师工作经验，是国内第一批专业从事软装设计工作的先行者。具有较高的审美意识和艺术鉴赏力，熟悉软装艺术的历史风格，精通软装设计流程与方案设计。

软装是相对于建筑本身的硬结构空间提出来的，是建筑视觉空间的延伸和发展。软装对现代室内空间设计起到了烘托室内气氛、创造环境意境、丰富空间层次、强化室内环境风格、调节环境色彩等作用，毋庸置疑地成为室内设计过程中画龙点睛的部分。

一、什么叫软装设计

在室内设计中，室内建筑设计可以称为"硬装设计"，而室内的陈设艺术设计可以称为"软装设计"。"硬装"是建筑本身延续到室内的一种空间结构的规划设计，可以简单理解为一切室内不能移动的装饰工程；而"软装"可以理解为一切室内陈列的可以移动的装饰物品，包括家具、灯具、布艺、花艺、陶艺、摆饰、挂件、装饰画等，"软装"一词是近几年来业内约定俗成的一种说法，其实更为精确的应该叫作"家居陈设"。家居陈设是指在某个特定空间内将家具陈设、家居配饰等家居软装饰元素通过完美设计手法将所要表达的空间意境呈现出来。

从空间环境方面来看，软装可分为住宅空间内的陈设和公共空间内的陈设。从软装的功能性来看，一般分为实用性和观赏性两大类。实用性软装指的是具有很强功能性的物品，如沙发、灯具、窗帘布艺等。观赏性软装是指主要供观赏用的陈设品，如装饰画、花艺、饰品等。

◎ 家具类实用性软装

◎ 摆件与装饰画类观赏性软装

◎ 住宅空间软装陈设

◎ 公共空间软装陈设

二、软装设计的魅力

软装应用于室内设计中，不仅可以给居住者视觉上的美好享受，也可以让人感觉到温馨、舒适，具有自身独特的魅力。

1. 表现室内环境风格

室内环境的风格按照不同的构成元素和文化底蕴，主要分为中式风格、现代简约风格、欧式风格、乡村风格、新古典风格等。室内空间的整体风格除了靠前期的硬装来塑造之外，后期的软装布置也非常重要，因为软装配饰素材本身的造型、色彩、图案、质感均具有一定的风格特征，对室内环境风格可以起到更好的表现作用。

◎ 中式风格软装布置

2. 营造室内环境氛围

软装设计在室内环境中具有较强的视觉感知度，因此对于渲染空间环境的气氛，具有巨大的作用。不同的软装设计可以造就不同的室内环境氛围，例如欢快热烈的喜庆气氛、深沉凝重的庄严气氛、亲切随和的轻松气氛、高雅清新的文化艺术气氛等，给人留下不同的印象。

◎ 利用软装打造十足的异域风情

◎ 利用软装布置出一个禅意空间

3. 调节室内环境色彩

在家居环境中，软装饰品占据的面积比较大。在很多空间里面，家具占的面积大多超过了 40%，其他如窗帘、床罩、装饰画等饰品的颜色，对整个房间的色调形成起到很大的作用。

◎ 通过软装调节空间色彩

4. 花小钱实现装饰效果

许多家庭在装修的时候总是喜欢大动干戈，不是砸墙就是移墙，既费力又容易造成安全隐患。

而且居室装修不能保值，只能随着时间的推移贬值、落伍、淘汰，守着几十年的装修不放，只能降低自己的居住质量和生活品质。如果能在家居设计中善用一些软装配饰，而不是一味地侧重装修，不仅能够花小钱做出大效果，还能减少日后家居设计因样式过时要翻新时造成的损失。

5. 随心变换装饰风格

软装另一个作用就是能够让居家环境随时跟上潮流，随心所欲地改变居家风格，随时拥有一个全新风格的家。比如，可以根据心情和四季的变化，随时调整家居布艺，夏天的时候，给家里换上轻盈飘逸的冷色调窗帘，换上清爽的床品，浅色的沙发套等，家里立刻显得凉爽起来；冬天的时候，给家换上暖色的家居布艺，随意放几个颜色鲜艳的靠垫或者皮草，温暖和温馨立刻升级。或者，灵活运用其他更新的软装元素来进行装饰，就可以随时根据自己的心情营造出独特的空间风格。

◎ 灵活运用软装布艺可以随心所欲变换家居风格

第二节 软装设计原则

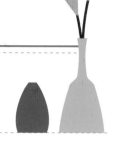

软装不仅可以满足现代人多元的、开放的、多层次的时尚追求，也可以为室内环境注入更多的文化内涵，增强环境中的意境美感。但在软装设计中要遵循原则，才能装扮好室内空间。

一、先定风格再做软装

在软装设计中，最重要的概念就是先确定家居的整体风格，然后再用饰品做点缀。因为风格是大的方向，就如同写作时的提纲，而软装是一种手法，有人喜欢隐喻，有人喜欢夸张，虽然不同却各有千秋。

◎ 确定整体风格是软装设计的前提

二、装修之初先有软装规划

很多人以为，完成了前期的基础装修之后，再考虑后期的配饰也不迟。其实则不然，软装搭配要尽早着手。在新房规划之初，就要先将自己本身的习惯、好恶、收藏等全部列出，并与设计师进行沟通，使其在考虑空间功能定位和使用习惯的同时满足个人风格需求。

三、拿捏合理的比例

软装搭配中最经典的比例分配莫过于黄金分割了。如果没有特别的设计考虑，不妨就用 1：0.618 的完美比例来划分居室空间。例如不要将花瓶放在窗台正中央，偏左或者偏右放置会使视觉效果活跃很多。但若整个软装布置采用的是同一种比例，也要有所变化才好，不然就会显得过于刻板。

◎ 软装搭配应拿捏好合理的比例

四、稳定与轻巧相结合

稳定与轻巧的软装搭配手法在很多地方都适用。稳定是整体，轻巧是局部。软装布置得过重的空间会让人觉得压抑，过轻又会让人觉得轻浮，所以在软装设计时要注意色彩搭配的轻重结合，家居饰物的形状大小分配协调和整体布局的合理完善等问题。

◎ 注重饰物形状大小的协调性

◎ 注重饰色彩搭配的协调性

五、运用对比与调和

在家居布置中，对比手法的运用也是无处不在的。可以通过光线的明暗对比、色彩的冷暖对比、材料的质地对比、传统与现代的对比等使家居风格产生更多层次、更多样式的变化，从而演绎出各种不同节奏的生活方式。调和则是将对比双方进行缓冲与融合的一种有效手段。例如通过暖色调的运用和柔和布艺的搭配。

◎ 床头墙上两个相同的壁饰凸显中式家居中的对称之美

◎ 利用色彩对比制造视觉冲突是软装设计的一种常见手法

六、把握好节奏和韵律

节奏与韵律是通过体量大小的区分、空间虚实的交替、构件排列的疏密、长短的变化、曲柔刚直的穿插等变化来实现的。在软装设计中虽然可以采用不同的节奏和韵律，但同一个房间切忌使用两种以上的节奏，那会让人无所适从、心烦意乱。

七、确定视觉中心点

在居室装饰中，视觉中心是极其重要的，人的注意范围一定要有一个中心点，这样才能造成主次分明的层次美感，这个视觉中心就是布置上的重点。对某一部分的强调，可打破全局的单调感，使整个居室变得有朝气。但视觉中心有一个就够了。如果客厅里选择了一盏装饰性很强的吊灯，那么就不要再增添太多的视觉中心了，否则容易犯喧宾夺主的错误。重点过多就会变成没有重点。配角的一切行为都是为了突出主角，切勿喧宾夺主。

◎ 一盏造型出挑的吊灯往往可以形成空间中的视觉亮点

◎ 色彩亮丽的装饰画在白墙的衬托下构成房间中的视觉焦点

八、统一与变化的原则

软装布置应遵循多样与统一的原则，根据大小、色彩、位置使之与家具构成一个整体。家具要有统一的风格和格调，再通过饰品、摆件等细节的点缀，进一步提升居住环境的品位。如可以将有助于食欲的橙色定为餐厅的主色，但在墙上挂一幅绿色的装饰画作为整体色调中的变化。

◎ 在统一的黑白空间中放置两把颜色跳跃的单人椅增加变化

第三节 软装设计流程

国外的软装设计工作基本是在硬装设计之前就介入，或者与硬装设计同时进行，但国内的操作流程基本还是硬装设计完成确定后，再由软装公司设计软装方案，甚至是在硬装施工完成后再由软装公司介入。

软装设计流程

完成空间测量
↓
与业主进行探讨
↓
软装设计方案初步构思
↓
签订软装设计合同
↓
二次空间测量
↓
制作软装设计方案
↓
讲解软装设计方案
↓
修改软装设计方案
↓
确定软装配饰
↓
进场前产品复查
↓
进场安装摆放
↓
做好后期服务

1. 完成空间测量

上门观察房子，了解硬装基础，测量空间的尺度，并给房屋的各个角落拍照，收集硬装节点，绘出室内基本的平面图和立面图。

2. 与业主进行探讨

通过空间动线、生活习惯、文化喜欢、宗教禁忌等各个方面与业主进行沟通，了解业主的生活方式，捕捉业主深层的需求点，详细观察并了解硬装现场的色彩关系及色调，控制软装设计方案的整体色彩。

3. 软装设计方案初步构思

综合以上环节进行平面草图的初步布局，把拍照后的素材进行归纳分析，初步选择软装配饰；根据初步的软装设计方案的风格、色彩、质感和灯光等，选择适合的家具、灯饰、饰品、花艺、挂画等。

4. 签订软装设计合同

与业主签订合同，尤其是定制家具部分，确定定制的价格和时间。确保厂家制作、发货的时间和到货时间，以便不会影响进行室内软装设计时间。

5. 二次空间测量

在软装设计方案初步成型后，软装设计师带着基本的构思框架到现场，对室内环境和软装设计方案初稿反复考量，感受现场的合理性，对细部进行纠正，并全面核实饰品尺寸。

6. 制订软装设计方案

在软装设计方案与业主达到初步认可的基础上，通过对配饰的调整，明确在本方案中各项软装配饰的价格及组合效果，按照配饰设计流程进行方案制作，出台正式的软装整体配饰设计方案。

7. 讲解软装设计方案

为业主系统全面地介绍正式的软装设计方案，并在介绍过程中不断反馈业主的意见，征求所有家庭成员的意见，以便下一步对方案进行归纳和修改。

8. 修改软装设计方案

在与业主进行完方案讲解后，深入分析业主对方案的理解，让业主了解软装方案的设计意图；同时，软装设计师也应针对业主反馈的意见对方案进行调整，包括色彩、风格等软装整体配饰里一系列元素调整与价格调整。

9. 确定软装配饰

与业主签订采买合同之前，先与软装配饰厂商核定价格及存货，再与业主确定配饰。

10. 进场前产品复查

软装设计师要在家具未上漆之前亲自到工厂验货，对材质、工艺进行初步验收和把关。在家具即将出厂或送到现场时，设计师要再次对现场空间进行复尺，已经确定的家具和布艺等尺寸在现场进行核定。

11. 进场时安装摆放

配饰产品到场时，软装设计师应亲自参与摆放，对于软装整体配饰的组合摆放要充分考虑到各个元素之间的关系以及业主生活的习惯。

12. 做好后期服务

软装配置完成后，应对业主室内的软装整体配饰进行保洁、回访跟踪、保修勘察及送修。

软装方案示例

设计风格	法式风格	项目面积	136 ㎡
设计机构	徐开明设计事务所	设计师	徐开明

设计说明

中国古典文化三贵色：金色、红色、黑色。

以法式黑色描金家具为主线，穿插红色布艺，形成强烈的色彩对比。力求打造一种既内敛又张扬，既庄重又时尚的法式文艺气息。黑色、金色和红色元素连接各个空间，整个空间的视觉感在刹那间鲜明起来，华丽精致又不失优雅。

◎ 软装设计方案—设计定位

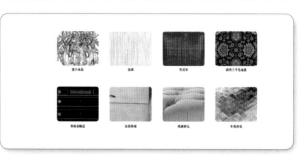

◎ 软装设计方案—软装元素

◎ 软装设计方案—客厅方案

◎ 软装设计方案—餐厅方案

◎ 软装设计方案—卧室方案 1

◎ 软装设计方案—卧室方案 2

◎ 软装设计方案—儿童房方案

◎ 软装设计方案—厨卫方案

第二章 软装色彩搭配

色彩搭配是软装设计中十分重要的一环

人对美学的感知就是通过眼睛对色彩的分辨

色彩搭配看上去似乎复杂纷呈

但其实是有规律可循的

只要学习和掌握色彩搭配法则

就能轻而易举地打造出

梦想中的家居空间

★ 本章特约软装专家顾问

刘 方达

就读于西安美术学院环艺设计系，毕业作品由西安美院
博物馆永久收藏，中国装饰协会注册室内高级建筑师，
中国室内设计联盟特聘专家讲师，腾讯课堂认证机构讲
师，曾受邀为多本软装教材解析色彩设计方案。

第一节 色彩基础知识

世界上没有不好的色彩，只有不恰当的色彩组合。软装设计
师作为美好事物的创造者和居室设计的情感表现者，了解色
彩搭配的基础知识，是提高色彩修养的第一步。

一、色彩的属性认知

　　配色要遵循色彩的基本原理。符合规律的色彩才能打动人心，并给人留下深刻的印象。了解色相、明度、
纯度、色调等色彩的属性，是掌握这些原理的第一步。通过对色彩属性的调整，整体配色印象也会发生改变。
改变其中某一因素，都会直接影响整体的效果。

1. 色相

　　即色彩的相貌和特征，决定了颜色的本质。自然界中色彩的种类很多，如红、
橙、黄、绿、青、蓝、紫等，颜色的种类变化就叫色相。

　　一般使用的色相环是十二色相环。在色相环上相对的颜色组合称为对比型，
如红色与绿色的组合；靠近的颜色称为相似型，如红色与紫色或者与橙色的组
合；只用相同色相的配色称为同相型，如红色可通过混入不同分量的白色、黑
色或灰色，形成同色相、不同色调的同相型色彩搭配。

　　色相包括红色、橙色、黄色、绿色、蓝色、紫色六个种类。其中暖色包括红色、
橙色、黄色等，给人温暖、有活力的感觉；冷色包括蓝绿色、蓝色、蓝紫色等，
让人有清爽、冷静的感觉。而绿色、紫色则属于冷暖平衡的中性色。

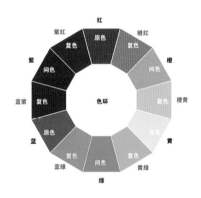

◎十二色相环

◎ 冷暖色搭配给人时尚艳丽的感觉

◎ 冷色给人清爽冷静的感觉

◎ 暖色给人热情活力的感觉

2. 明度

指色彩的亮度或明度。颜色有深浅、明暗的变化。例如，深黄、中黄、淡黄、柠檬黄等黄颜色在明度上就不一样，紫红、深红、玫瑰红、大红、朱红、橘红等红颜色在亮度上也不尽相同。这些颜色在明暗、深浅上的不同变化，也就是色彩的又一重要特征——明度变化。

在任何色彩中添加白色，其明度都会升高；添加黑色，其明度会降低。色彩中最亮的颜色是白色，最暗的是黑色，其间是灰色。在一个色彩组合中，如果色彩之间的明度差异大，可以达到时尚活力的效果；如果明度差异小，则能达到稳重优雅的效果。

3. 纯度

指色彩的鲜艳程度，也叫饱和度。原色是纯度最高的色彩。颜色混合的次数越多，纯度越低；反之，纯度越高。原色中混入补色，纯度会立即降低、变灰。

纯度最低的色彩是黑、白、灰这样的无彩色。纯色因不含任何杂色，饱和或纯粹度最高，因此，任何颜色的纯色均为该色系中纯度最高的。纯度高的色彩，给人鲜艳的感觉；纯度低的色彩，给人素雅的感觉。

◎ 高纯度色彩给人鲜艳活泼的感觉

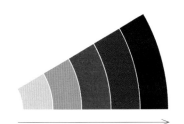

◎ 颜色的明暗变化

◎ 低纯度色彩给人素雅大方的感觉

◎ 色彩明度差异小的房间给人一种协调的整体感

◎ 色彩明度差异小的房间容易突出装饰的主角

◎ 高纯度色彩的饰品

◎ 低纯度色彩的饰品

4. 色调

　　色调是指一幅作品色彩外观的基本倾向，泛指大体的色彩效果。一幅绘画作品虽然用了多种颜色，但总体有一种倾向，是偏蓝或偏红，是偏暖或偏冷等。这种颜色上的倾向就是一幅绘画的色调。通常可以从色相、明度、冷暖、纯度四个方面来定义一幅作品的色调。

　　色调是影响配色效果的首要因素。色彩的印象和感觉很多情况下都是由色调决定的。常见的色调有鲜艳的纯色调，接近白色的单色调，接近黑色的暗色调等。软装中的色调可以借助灯光设计来满足不同需求的总体倾向，营造设计要求的情景氛围。

◎ 同一饰品会因色调的改变而改变人们对它的感官印象

◎ 单一色调的配色略显平淡

◎ 多种色调配色表现出丰富的层次感

二、色彩的空间角色

　　室内空间中的色彩，既体现为墙、地、顶面、门窗等界面的色彩，还包括家具、窗帘以及各种饰品的色彩。这些色彩具有各种角色身份。最基本的色彩角色有四种，区分好它们，是搭配出完美空间色彩的基础之一。

◎ 主体色

C:95 M:75 Y:30 K:0

◎ 配角色

C:50 M:100 Y:60 K:10

◎ 背景色

C:85 M:85 Y:70 K:55

◎ 点缀色

C:15 M:75 Y:68 K:0

1. 主体色

　　主体色主要是由大型家具或一些大型室内陈设、装饰织物所形成的中等面积的色块。它是配色的中心色，搭配其他颜色通常以此为主。客厅的沙发、餐厅的餐桌等就属于其对应空间里的主体色。主体色的选择通常有两种方式：要产生鲜明、生动的效果，则应选择与背景色或者配角色呈对比的色彩；要整体协调、稳重，则应选择与背景色、配角色相近的同相色或类似色。

◎ 主体色与背景色呈对比产生鲜明的效果　　　　　　◎ 主体色与背景色相近产生协调的效果

2. 配角色

配角色视觉的重要性和体积次于主角色,常用于陪衬主角色,使主角色更加突出。通常是体积较小的家具。例如短沙发、椅子、茶几、床头柜等。合理的配角色能够使空间产生动感,活力倍增。常与主角色保持一定的色彩差异,既能突出主角色,又能丰富空间。但是配角色的面积不能过大,否则就会压过主角色。

◎ 利用单人椅与茶几作为配角色改变空间的单调感

3. 背景色

背景色通常指墙面、地面、天花、门窗以及地毯等大面积的界面色彩。背景色由于其绝对的面积优势,支配着整个空间的效果。而墙面因为处在视线的水平方向上,对效果的影响最大,往往是家居配色首先关注的地方。可以根据想要营造的空间氛围来选择背景色,想要打造自然、田园的效果,应该选用柔和的色调;如果想要活跃、热烈的印象,则应该选择艳丽的背景色。

4. 点缀色

是那种最易于变化的小面积色彩,比如靠垫、灯具、织物、植物花卉、摆设品等。一般会选用高纯度的对比色,用来打破单调的整体效果。虽然点缀色的面积不大,但是在空间里却具有很强的表现力。

◎ 背景色可以改变人们对这个空间的第一印象

◎ 艳丽的背景色给空间带来热情活力的氛围

◎ 利用紫色台灯作为点缀色衬托浪漫的家居主题

三、色彩的搭配方式

色彩效果取决于不同颜色之间的相互关系，同一颜色在不同的背景条件下可以迥然不同，这是色彩所特有的敏感性和依存性，因此如何处理好色彩之间的协调关系，就成为配色的关键问题。

1. 同色系组合

同一色相不同纯度的色彩组合，称为同色系组合，如湛蓝色搭配浅蓝色，这样的色彩搭配具有统一和谐的感觉。在空间配置中，同色系做搭配是最安全也是接受度最高的搭配方式。同色系中的深浅变化及其呈现的空间景深与层次，让整体尽显和谐一致的融合之美。当然，同色系的配比也是很重要的，一样需要遵守配色法则。

相近色彩的组合可以创造一个平静、舒适的环境，但这并不意味着在同色系组合中不采用其他的颜色。应该注意过分强调单一色调的协调而缺少必要的点缀，很容易让人产生疲劳感。

◎ 同色系的饰品

◎ 同色系搭配尽显和谐之美

◎ 同色系中适当加入其他点缀色可以避免空间的单调感

2. 邻近色组合

邻近色组合是最容易运用的一种色彩方案，也是目前最大众化和深受人们喜爱的一种色调，这种方案只用两三种在色环上互相接近的颜色，它们之间又是以一种为主，另几种为辅，如黄与绿、黄与橙、红与紫等。一方面要把握好两种色彩的和谐，另一方面又要使两种颜色在纯度和明度上有区别，使之互相融合，取得相得益彰的效果。

◎ 邻近色比起同类色搭配更具层次变化

◎ 邻近色适用于现代时尚风格的家居空间

3. 对比色组合

对比色如红色和蓝色、黄色和绿色等，如果想要表达开放、有力、自信、坚决、活力、动感、年轻、刺激、饱满、华美、明朗、醒目之类的空间设计主题，可以运用对比型配色。对比型配色的实质就是冷色与暖色的对比，一般在 150°~180° 之间的配色视觉效果较为强烈。在同一空间，对比色能制造有冲击力的效果，让房间个性更明朗，但不宜大面积同时使用。

◎ 黄绿色与紫红色形成一组对比色

◎ 明黄色与洋红色形成一组对比色

4. 互补色组合

使用色差最大的两个对比色相进行的色彩搭配，可以让人印象深刻。由于互补色彩之间的对比相当强烈，因此想要适当地运用互补色，必须特别慎重考虑色彩彼此间的比例问题。因此当使用互补色配色时，必须利用一种大面积的颜色与另一种较小面积的互补色来达到平衡。如果两种色彩所占的比例相同，那么对比会显得过于强烈。比如说红与绿在画面上占有同样面积的时候，就容易让人头晕目眩。可以选择其中一种颜色为大面积，构成主调色，而另一种颜色为小面积，作为对比色。一般会以3：7甚至2：8的比例分配。并且适当使用自然的木色、黑色或白色进行调和。

◎ 运用互补色组合要控制好彼此间的比例问题

5. 双重互补色组合

双重互补色调有两组对比色同时运用，采用四个颜色，对房间来说可能会造成混乱，但也可以通过一定的技巧进行组合尝试，使其达到多样化的效果。对大面积的房间来说，为增加其色彩变化，是一个很好的选择。使用时也应注意两种对比中应有主次，对小房间说来更应把其中之一作为重点处理。

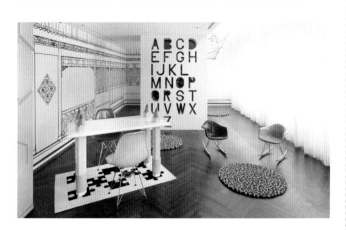

◎ 蓝与黄、红与绿的双重互补色组合

6. 无彩系组合

黑、白、灰、金、银五个中性色是无彩色，主要用于调和色彩搭配，突出其他颜色。其中金、银色是可以陪衬任何颜色的百搭色，当然金色不含黄色，银色不含灰白色。有彩色是活跃的，而无彩色则是平稳的，这两类色彩搭配在一起，可以取得很好的效果。在居室装饰中黑、白、灰颜色的物品并不少，将它们与彩色物品摆在一起别有一番情趣，并具有现代感。在无彩色中只有白色可大面积使用，黑色只有小面积使用于高彩度中间，才会显得跳跃和夺目，取得非同凡响的效果。

◎ 黑、白、灰是最常用的无彩色组合

7. 自然色组合

　　自然色泛指中间色，是所有色彩中弹性最大的颜色。中间色皆来源于大自然中的事物，如树木、花草、山石、泥沙、矿物，甚至是枯叶败枝。在色彩的吸纳上，从棕色、褐色、灰色、米色到象牙色、墨绿色都有；在材质的显现上，包括现代理性的石材地面，原始朴拙的亚麻织品，以及高贵雅致的皮革沙发等，总是令人感到舒服。

　　总之，自然色是室内色彩应用之首选，不论硬装修还是软装饰，几乎都可以以自然色为基调，再加以其他色彩、材质的搭配，从而得到很好的效果。

◎ 木色楼梯给人以质朴自然的感觉

◎ 木色是表现乡村风格的最佳元素

8. 点缀色组合

　　是指在大面积同一色系的背景中加入与该色系不同的色彩，在此基础上，放大细节和局部点，既点缀了主色调，又凸显了自身的存在，这种搭配方法一般采用主色系的互补色，比主色调高一到两个色度。

◎ 粉色作为点缀色在空间中脱颖而出

◎ 运用装饰画作为点缀色起到点睛效果

四、不同色彩的寓意

色彩不仅使人产生冷暖、轻重、远近、明暗的感觉，而且会引起人们的诸多联想。不同的色彩会令人产生不同的心理感知。一般层面上，每种色彩会给人不同的心理感受和情绪反应，反应的不同可能与个人的喜好有关，也可能与文化背景有关。

1. 清爽宜人的蓝色

蓝色象征着永恒，是一种纯净的色彩。每每提到蓝色总会让人联想到海洋、天空、水以及浩瀚的宇宙。蓝色在家居装饰中常常是一种地中海风情设计的体现。蓝、白相间的色彩，所透露的便是清爽、畅快的感受。

在客厅、起居室中运用蓝色，可使空间显得宽敞、通风、宁静；而在卫浴间里使用蓝色，也给人以干净明朗感，令人解除身心疲劳。但餐厅、厨房与卧室等几个地方不宜大面积用到蓝色，否则会影响食欲，也会让人感觉寒冷不易入眠。

2. 清新自然的绿色

绿色是自然界中最常见的颜色。绿色是生命的原色，象征着平静与安全，通常被用来表示生命以及生长，代表了健康、活力和对美好未来的追求。绿色的魅力就在于它显示了大自然的灵感，能让人类在紧张的生活中得以释放。竹子、莲花叶和仙人掌，属于自然的绿色块；海藻、海草、苔藓般的色彩则将绿色引向灰棕色，十分含蓄；而森林的绿色则给人稳定感。

绿色是很特别的颜色，它既不是冷色，也不是暖色，属于中性的颜色。绿色搭配着同色系的亮色，比如柠檬黄绿、嫩草绿或者白色，都会给人一种清爽、生动的感觉；当绿色与暖色系的颜色如黄色或橙色搭配，则会有一种青春、活泼之感。当绿色与紫色、蓝色或者黑色搭配时，则显得高贵华丽，但最好不要过多使用。

3. 热烈奔放的红色

红色在所有色系中是最热烈、最积极向上的一种颜色。在中国人的眼中红色代表着醒目、重要、喜庆、吉祥、热情、奔放、激情、斗志。酒红色的醇厚与尊贵给人一种雍容的气度、豪华的感觉，为一些追求华贵的人所偏爱；玫瑰色格调高雅，传达的是一种浪漫情怀，所以这种色彩为大多数女性们所喜爱。粉红色给人以温暖、放松的感觉，适宜在卧室或儿童房里使用。

但是居室内红色过多会让眼睛负担过重，产生头晕目眩的感觉，即使是新婚，也不能长时间让房间处于红色的主调下。建议选择红色在软装配饰上使用，比如窗帘、床品、抱枕等，而用淡淡的米色或清新的白色搭配，可以使人神清气爽，更能突出红色的喜庆气氛。

C:100 M:80 Y:20 K:0

◎ 蓝色给家居空间带来清新感

C:45 M:20 Y:85 K:0

◎ 绿色在家居中象征生机与成长

C:30 M:100 Y:100 K:0

◎ 红色在家居中具有热烈与激情的寓意

4. 欢乐明快的橙色

橙色是红黄两色结合产生的一种颜色，因此，橙色也具有两种颜色的象征含义。橙色是一个欢快而运动的颜色，具有明亮、华丽、健康、兴奋、温暖、欢乐、辉煌，以及容易动人的色感。

把橙色用在卧室不容易使人安静下来，不利于睡眠。但将橙色用在客厅则会营造欢快的气氛。同时，橙色有诱发食欲的作用，所以也是装点餐厅的理想色彩。将橙色和巧克力色或米黄色搭配在一起也很舒畅，巧妙的色彩组合是追求时尚的年轻人的大胆尝试。

C:20 M:60 Y:100 K:0

◎ 橙色是装点餐厅的理想色彩

5. 充满活力的黄色

黄色是三原色之一，给人轻快、充满希望和活力的感觉。黄色总是与金色、太阳、启迪等事物联系在一起。许多春天开放的花都是黄色的，因此黄色也象征新生。水果黄带着温柔的特性；牛油黄散发着一股原动力；而金黄色又带来温暖。

在居室布置中，在黄色的墙面前摆放白色的花艺是一种合适的搭配。但是注意长时间接触高纯度黄色，会让人有一种慵懒的感觉，所以建议在客室与餐厅适量点缀一些就好，黄色最不适宜用在书房，它会减缓思考的速度。

C:0 M:10 Y:100 K:0

◎ 黄色给人活力与温暖的感觉

6. 神秘浪漫的紫色

紫色是由温暖的红色和冷静的蓝色化合而成，是极佳的刺激色。紫色永远是浪漫、梦幻、神秘、优雅、高贵的代名词，它独特的魅力、典雅的气质吸引了无数人的目光。与紫色相近的是蓝色和红色，一般浅紫色搭配纯白色、米黄色、象牙白色；深紫色搭配黑色、藏青色会显得比较稳重，有精干感。

但紫色不宜在家居空间中大面积地使用，否则会让空间整体色调变得深沉，从而产生心理上的压抑感。若是需要欢快气氛的居室（如儿童房、客厅等），建议不要应用紫色，那样会让身在其中的人感到一种无形的压迫感。如果真的非常喜欢紫色，可以在居室中局部用一些紫色作为装饰亮点，比如卧房的一角，又或是卫浴间的浴帘等一些小地方。而紫色在婚房中小面积的应用也是个不错的选择。

C:90 M:100 Y:40 K:0

◎ 紫色具有浪漫优雅的气质

7. 富丽堂皇的金色

金色熠熠生辉，显现了大胆和张扬的个性，在简洁的白色衬映下，视觉会很干净。但金色是较容易反射光线的颜色之一，金光闪闪的环境对人的视线伤害最大，容易使人神经高度紧张，不易放松。

建议避免大面积使用单一的金色装饰房间，可以作为墙纸、布艺上的装饰色；在卫浴间的墙面上，可以使用金色的马赛克搭配清冷的白色或不锈钢。

C:30 M:40 Y:100 K:0

◎ 金色营造富丽堂皇的家居氛围

8. 优雅厚重的咖啡色

咖啡色属于中性暖色色调，优雅、朴素，庄重而不失雅致。它摒弃了黄金色调的俗气，又或是象牙白的单调和平庸。

咖啡色本身是一种比较含蓄的颜色，但它会使餐厅沉闷而忧郁，影响进餐质量；同时咖啡色不宜用在儿童房间内，暗沉的颜色会使孩子性格忧郁；还要切记，咖啡色不适宜搭配黑色。为了避免沉闷，可以用白色、灰色或米色等作为填补色，使咖啡色发挥出属于它的光彩。

C:68 M:70 Y:80 K:35

◎ 咖啡色庄重而不失优雅

9. 现代简约的黑白色

黑白色被称为"无形色"，也可称为"中性色"，属于非彩色的搭配。黑白色是最基本和简单的搭配，灰色属于万能色，可以和任何彩色搭配，也可以帮助两种对立的色彩和谐过渡。

黑色与白色搭配，使用比例上要合理，分配要协调。过多的黑色会使家失去应有的温馨，如果以灰色的纹样作为过渡，两色空间会显得鲜明又典雅。黑色可以和无彩色系的白、灰及有彩色系的任何颜色组合搭配，营造出千变万化的色彩情调。纯粹以黑白为主题的家居也需要点睛之笔。不然满目黑白，沉默无表情，家里就缺少了许多温情。

一般来说，黑白装饰的功能区域以客厅、厨房、卫浴间为多，卧室还是少用黑白装饰为好。此外，黑白色的装饰可以在室内点缀一点跳跃的颜色，这些多是通过花艺、工艺饰品、绿色植物等配饰来完成。

C:0 M:0 Y:0 K:100

◎ 黑白色的运用给人以现代感

第二节 装饰风格与配色方案

不同的色彩搭配可以塑造出不同的装饰风格。在软装设计中应用人们达成共识的一些风格中的色彩特征，进行组合、主导室内色彩设计装饰，并由此带来类似的联想，形成一定的气氛，这种配色方法称为装饰风格配色法。

一、工业风格配色方案

在工业风格的空间中，一般选择经典的黑白灰作为主色调，在软装配饰中可以大胆用一些彩色，比如夸张的图案和油画，不仅可以中和黑白灰的冰冷感，还能营造一种温馨的视觉印象。工业风格是一种非常具有艺术范的风格，在色彩上可以用到玛瑙红、复古绿、克莱因蓝以及明亮的黄色等作为辅助色来进行搭配。

◎【黑色＋木色＋粉红色＋白色】

以大量的原木材质作为墙面肌理，搭配线条冷峻的墨黑色墙面，凸显出极强的工业气质；不同层次的粉红色格纹地毯，与亮黄色鹿头墙饰品一起给空间注入温和的气息；铁艺的工业风台儿使整个空间更加整体，卡其色的柔软座椅增加了空间的层次感，炉火边上机械感十足的复古座椅，透露出20世纪的气质与情怀。

◎【白色＋木色＋烟灰＋黑色】

设计感极强的大理石纹路的桌面搭配黑色的座椅，使空间呈现出富于现代气息的冷峻感；自然粗犷的木地板，木框的门和木制的楼梯，将工业气息与自然元素相融合，使得空间温馨而又有质感。

◎【水泥灰 + 木色 + 黑色 + 柠檬黄】

鲜明的几何形态硬装和灰色的基调，使空间显得十分硬朗，曲线优美的木制家具、明朗的柠檬黄落地灯与软装中鲜明的纹样，弱化了灰色空间的沉寂感与大梁的存在感，使空间展现出轻松休闲的一面。

◎【铁灰色 + 棕红色 + 黑色】

多种工业元素相结合，地面水泥的处理与吊顶的处理，尽可能地还原了自然的本质；铁艺与棕红色皮沙发的结合，无不增加了空间中的冷酷感，复古的吊灯通过与自然光线的结合，将空间的质感展现到极致，老旧与现代碰撞，冷酷又不压抑，充满个性。

◎【白色 + 黑色 + 黄色】

黑色线条的使用显得利落整洁，冷静有气质；原木与铁艺的结合，就像冰与火的碰撞，而墙面材料斑驳与平整之间的质感对比，也将工业风玩到极致；将纤细的柠檬黄作为画框颜色，一方面凸显出装饰画黑色几何的纹理，另一方面柔化了空间中黑色线条带来的冷峻感。

◎【白色 + 木色 + 黑色】

即使是一个白色与木色的明亮空间，只要加入了黑色铁制家具也会变得有工业气息；一个有坡度的木制吊顶，一方面将开放式厨房、餐厅与吧台结合在一起，另一方面粗犷自然的肌理与墙面形成了质感的对比变化，成为空间中的一个亮点，与铁质家具一起，突出工业情怀的主题。

二、现代简约风格配色方案

　　简约风格的色彩选择上比较广泛，只要遵循清爽原则，颜色和图案与居室本身以及居住者的情况相呼应即可。黑灰白色调在现代简约的设计风格中被作为主要色调广泛运用，让室内空间不会显得狭小，反而有一种鲜明且富有个性的感觉。此外，简约风格也可以使用苹果绿、深蓝、大红、纯黄等高纯度色彩，起到跳跃眼球的功效。

◎【咖啡色＋柠檬黄＋白色】
大地色系用在现代风格中同样可以很出彩，要点是善用对比色。明亮的柠檬黄可以有效规避大地色系的厚重感，窗帘与挂画在此基础上调和出高反差的红蓝配色，细腻的印花与大片的黄色之间形成极强的节奏感。

◎【粉紫色＋柠檬黄＋深咖啡色】
墙面硬装部分采用紫灰色乳胶漆，在软装的挂画搭配上，首选饱和度较低的黄黑配色装饰画，用互补的语言提升空间的艺术感；布艺更多地采用互补色原理进行小范围的调和，节奏感油然而生。

◎【灰色 + 群青色 + 咖啡色 + 柠檬黄】

运用黄色与群青色之间的对比关系进行撞色搭配，其亮点在于木色的介入，使得该撞色搭配在灰色系的硬装环境中不至于太生硬；精心挑选的艺术装饰画与花艺更是整个配色系统中的点睛之笔。

◎【白色 + 红色 + 绿色】

红配绿，是很多人难以驾驭的互补色，本案中大量的红绿对比，不仅没有丝毫俗气，反而呈现出时尚清新的感受；原因在于饱和度与正负型的差别：绿色的饱和度整体低于红色，同时正负型赋予多样的变化，而红色在保证饱和度基本统一的前提下，体块正负型关系相对也保持了一定程度的和谐；这样的差别使主从关系趋于稳定，视觉效果跟着得到统一。

◎【白色 + 粉色 + 橙色】

明快的粉色系如果单独使用，会使得空间失去对比度而带来飘缈感，这时就需要加入新的色彩进行调节；草绿色与橙色同属暖色系，粉色偏紫属冷色系，当空间具备冷暖对比，便具备丰富的层次感。

◎【黑色 + 白色 + 金色】

整体采用经典的高级灰配色，呈现出冷灰系的优雅格调，其间点缀的香槟金配饰与高光钢琴烤漆藏青色饰面柜体之间形成轻奢的互补色对比；装饰画的色调延续了基调色系，加强空间整体感。

三、现代时尚风格配色方案

　　现代时尚风格的色彩运用大胆创新,追求强烈的反差效果,或浓重艳丽或黑白对比。如果空间运用黑、灰等较暗沉的色系,那最好搭配白、红、黄等相对亮的色彩,而且一定要注意搭配比例,亮色只是作为点缀提亮整个居室空间,不宜过多或过于张扬,否则将会适得其反。

◎【黑色 + 白色 + 驼色】

将黑色与白色的利落线条作为墙与地面的硬装图案,在软装的选择上就要避免平直的线条带来的克制感;家具选用浅米黄色和浅棕色方形沙发,可以有效提升空间的温和舒适感;再选用一些圆形与弧形的镜面,就能极大地提高空间品质;精致绿植的鲜嫩色彩,又为空间带来一股轻松灵动的自然之美。

◎【白色 + 红色 + 黄色 + 蓝色】

红、黄、蓝三原色根据不同的比例与材质展现空间热烈明亮的气质,黄是柠檬黄,蓝是亮蓝,红是金属烤漆的红,给予餐桌利落的线条感,与自然形态的动物皮地毯和半圆吊灯产生对比,使视觉变化更为丰富;而用几何图案在平面上营造艺术感,为空间带来略带民族传统气息的浪漫气质。

◎【玫红色 + 黑色 + 白色】
将玫红色明度降低使用，又配
以黑白对比强烈且几何拼接的
地面铺装，整个空间具有硬朗
的特征；轴对称悬挂的装饰画
和后现代不锈钢镜面茶几上摆
放的亮蓝色陶瓷器皿，都在诠
释着空间的时尚气质，而工业
风吊灯、人面矮凳，以及包裹
性极好的驼色沙发，彰显出客
厅独特的温馨与个性。

◎【白色 + 蓝色 + 红色 + 黑色】
红蓝搭配是色彩使用中经典的撞色运用，本
案中采用蓝色烤漆面的台面，与丝绒质地的
红色餐椅在颜色与材质上都形成了玩味有趣
的激烈碰撞，而夸大比例的写实黑白照片呼
应了抽象的地毯图案，将空间时尚感凸显得
淋漓尽致。

◎【白色 + 爱琴海蓝】
专属夏日的清新记忆，蓝色一会儿是天空，
一会儿是海洋，蓝色的抽象背景跳跃着弗朗
明哥的热烈，藏蓝的床头，以及光照下梦幻
的淡蓝色纱窗，为空间营造出梦境一般的视
觉感受；以白色为背景，辅以少量紫罗兰和
变化丰富的黄绿色，巧妙运用柔和的丝类材
质，将唯美梦幻的特征表达得更加准确。

◎【白色 + 蜜桃粉色】
蜜桃粉色的温暖和娇嫩搭配了局部明度很高
的柠檬黄，让空间充满活力；挑选了蓝色的
陈设物品，使配色的融合度更高；通过白色
柜体和极简线条的台几的处理，使整体色调
趋向平和，而马赛克方格拼接的花砖和大型
的绿植又很巧妙地缓解了空间饱和度过高的
视觉体验。

四、北欧风格配色方案

北欧风格以白色为主色，而灰、黑则是最为常用的辅助色。灰色跟黑色的运用多见于软装搭配上，黑白分明的视觉冲击，再用灰色来做调和，让白色为主的北欧家居不至于太过单薄。

北欧风格不用纯色而多使用中性色进行柔和过渡，即使用黑白灰营造强烈效果，也总有稳定空间的元素打破它的视觉膨胀感，比如用素色家具或中性色软装来压制。

在黑白灰搭建的世界里，通过各种色调鲜艳的棉麻织品或装饰画来点燃空间，也是北欧搭配的原则之一。亮色的出现，有助于丰富室内表情，营造亲近氛围，拉近距离。

◎【蓝色 + 白色 + 红棕色 + 黄色】

深蓝色的墙面与浅蓝色条纹地毯的搭配，让空间仿佛有了森林般的深邃空灵；红棕色的家具与深蓝色产生强烈的色彩对比，又以大量低纯度的彩色抱枕中和了这种对比带来的突兀感受；条纹图案的地毯将墙面的色彩得以延伸，使空间色彩层次丰富又有亲和力。

◎【白色 + 红色 + 蓝绿色】

以带点灰度的白色作为家居色彩的主色调，辅以暖色如红色或柠檬黄，冷色如蓝绿色等色彩元素，空间整体给人感觉清爽自然；红色座椅与墙上的装饰画搭配，强调了空间视觉，色彩之间只用白色为背景而没有过渡，个性十足。

◎【白色 + 木色 + 黄铜色】

以白色与木色作为主调，贯穿了整个空间和局部家具及装饰用品的选择。木材独一无二的纹理，原始的色彩和质感，使空间更加贴近自然；黄铜材质的吊灯和局部点缀的蓝色，加深了视觉变化的层次。

◎【白色 + 绿色 + 明黄色】

基本只有黄绿色和白色的空间，空间以黄绿色为强调色，黄绿色的柜子隔板、椅脚过渡到黄色的格纹地毯，甚至连玩具都只用黄色的；在软装色彩的设计搭配中，一种颜色反复出现，是高效地做出精心布置的方法之一，还会瞬间产生非常整洁的效果。

◎【白色 + 水蓝色 + 木色】

精致简约的蓝色沙发与木色家具的搭配，显得空间宽敞简约，舒适自在；在布料的搭配选择上，用棉麻等天然质地表达对生活与生命的感悟；墙上装饰画里的红心和桌上的蜡烛，都以低明度出现，丰富了空间的层次感又不显得突兀。

◎【白色 + 木色 + 淡蓝 + 柠檬黄】

马卡龙色系的木制家具低矮简约，创造了空间的开阔与自在；可爱清新的墙纸与烟灰色亚麻地毯在明亮的自然光线下显得极为温馨舒适；原木材质的家具应用，使空间更加贴近自然，仿佛已经将室内环境与自然环境进行连通和结合。

五、法式风格配色方案

　　法式风格的整体空间最好选择比较低调的色彩，如以白色、亚金色、咖啡色等简单不抢眼的色彩为主色。再用金、紫、蓝、红等夹杂在白色的基础上温和地跳动，一方面渲染出一种柔和高雅的气质，另一方面也可以恰如其分地突出各种摆设的精致性和装饰性。

◎【驼色 + 金色 + 蓝色】

新古典样式的亮蓝色座椅点亮了空间中大片大地色系所带来的沉闷感，旖旎曼丽的金色线条纹样凸显出空间的古典绮丽，顶面流畅的金色线条强调了吊顶形状的轮廓，突出了空间的恢宏气质，红色与蓝色的点缀装饰也突出空间不单单只求色彩的协调，崇尚冲突之美，无论是装饰画图案还是背景墙图案，都选择了细腻的草纹，营造出华丽的气氛。

◎【白色 + 藕粉色 + 铜色 + 淡紫色】

藕粉色与白色的现代色调中，一面古典形制的金色铜框大镜子非常耀眼，与水晶灯搭配显得熠熠生辉，不仅增加了采光和空间感，还让人仿佛就业走在凡尔赛宫的镜廊，使观者充分感受到了法式风格的浪漫情怀。

◎【白色 + 黄绿色 + 金色】

黄、绿、蓝三色的使用中，要选择明度、纯度都相近的颜色最不容易出错，而绿色本身就是黄色和蓝色两个原色之间的过渡色，蓝绿色的墙面与地面装饰，都能更加凸显金色家居的高贵质感；浅黄色的花草纹样不断重复运用，在不经意间诠释了空间的浪漫与少女气息。

◎【白色＋米咖色＋蓝色】

色彩在空间里呈现的尺度，直接由面积大小决定，使用的面积越小，就越安全；所以当想运用色彩又无法预估风险的时候，小范围使用是最好的方法：一把蓝色单人沙发，一盏黄铜材质的落地灯，既能丰富空间层次又不用担心搭配过度造成的混乱。

◎【白色＋蓝色＋金色】

蓝色与白色的搭配突出空间的秀丽气质，使得家具上略显庄严的金色装饰线不会有装饰过度的感觉；整体秀丽薄巧、轻柔微妙，用深蓝色框住饱和度低的淡蓝，突出淡蓝的细腻；秀气的草纹、细腿形制的家具、曼妙轻盈的织物，使空间整体透露出空灵与舒适。

◎【白色＋蓝色＋黄色】

人们习惯通过墙面装饰品的颜色来搭配家具的色彩，所以在软装陈设中，选用与蓝色互补的黄色，可以营造一种年轻有趣的视觉感受，蓝色水晶吊灯与桌上的黄色插画形成有趣的对位，使整个空间更加时尚、活跃。

六、美式乡村风格配色方案

美式风格的色彩多以自然色调为主，绿色、土褐色较为常见，特别是墙面色彩选择上，自然、怀旧、散发着质朴气息的色彩成为首选。不同于欧式风格中的金色运用，美式乡村风格更倾向于使用木质本身的单色调。大量的木质元素使美式风格空间给人一种自由闲适的感觉。

◎ 【米白色 + 木色 + 淡粉色】
利用绝对尺度的改变，将木色的圆形挂钟作为整个空间最醒目的焦点。用淡粉色抱枕填充的整个米白色沙发使得空间洋溢着青春甜蜜气息，连摆设都是白色的蜡烛和淡粉的玫瑰，原木材质的斗柜稳住了空间的活泼感，也与挂钟产生了呼应。

◎ 【驼色 + 黑色 + 白色】
硬装与软装通过各自形状的呼应，相近色号的颜色通过材质肌理的变化，在光影中呈现丰富且细微的变化。依靠这些丰富、细腻的呈现，设计师用单纯的色彩关系呈现出一个简约自然的休闲空间。黑白对比的棋盘格地毯，与白色台灯、鹿头形成明确的纵向装饰轴，统一协调了整个空间。

◎【灰色＋绿豆灰＋白色】

掌握对某种颜色的铺陈位置有利于空间色彩的展开，地面、墙面与床上的三种灰色形成三个协调的块面，在局部选用白色的软装陈设，使空间呈现出安宁的气氛。温柔的绿豆灰作为画面之中的前景色，减轻陌生、拘谨的感觉，提供了卧室的亲切感，而家具固有的深棕色，收拢了整个空间，将视觉感受趋于稳定。

◎【亚麻灰＋紫藤色】

在优雅的紫色与亚麻色中加入一点灰度，就能呈现出传统复古的空间感受；灰紫色是饱和度低的舒压色，将灰紫色针织毯置于沙发上可以使松软的沙发显得更为舒适，再与其他纯度不同的紫色相结合，赋予空间由浅入深的层次感；粗犷原始的方桌与宽厚蓬松的沙发形成有趣对比，亮白色器皿的反复出现，又很好地将各个色彩串联到了一起；粗针织布料、编织框、陶盆野花、小麦面包、浆果、植物标本等元素都使这个空间散发出复古的怀旧闲适风味。

◎【象牙白色＋褐色】

拥有优美曲线的褐色茶几和边儿强调出空间奶白色的硬装边界，与奶白色方形沙发相配，使得空间呈现出明净典雅的高贵气质；几何抱枕和棕红色的欧式面料抱枕呼应了茶几色调，再挑选三件晶莹剔透的冰蓝色玻璃器皿，使得画面稳定和谐，更是给空间注入一缕清透的凉风。

◎【鸦青色＋灰色＋秋香黄】

青取之于蓝而青于蓝，相较于运动型的蓝色，中性简约的灰蓝色调更适合卧室。在软装的选择上，用不同的图案去体现不同的灰度，呈现出空间优雅的气质。大面积的灰蓝背景使得卧室宁静平和，其中又跳脱出一些秋香黄的陈设，仿佛静谧的秋日又绽放出热烈的秋日之花，是给卧室带去温馨感受的点睛之笔。

七、简欧风格配色方案

多以象牙白为主色调，以浅色为主深色为辅。相对比拥有浓厚欧洲风味的欧式装修风格，简欧更为清新，也更符合中国人内敛的审美观念。柔美浅色调的家具显得高贵优雅，简欧风格家居适合选用米黄色、白色的柔美花纹图案的暖色系家具。

◎【蓝色 + 米黄色 + 白色】

当黄色的明度极高时，是所有色彩中最有前进感的色彩，故而在卧室的色彩设计中，最好避免明亮的黄色，而使用较为隐蔽的米黄色作为墙面的颜色；在软装色彩的选择上，用柔和的蓝色调作为卧室的主色调，一方面与米黄色形成对比，另一方面与可以营造出卧室宁静的氛围。

◎【婴儿蓝 + 姜黄 + 象牙白】

精致时尚的婴儿蓝色沙发与象牙白优雅曲线彰显了空间的浪漫气氛，姜黄色的几何图案地毯与背景墙面装饰画相呼应，将黄蓝色的对比上升到一个艺术的高度；而竖长的镜面装饰，则在视觉层次上让这种对比更加强烈且具有艺术性。

◎【白色 + 暗绿色】

透亮的白色基调空间中，一切硬装与软装都呈现出更强烈的质感。光影与石材纹理的虚实对比中，精致的餐桌椅和水晶吊灯体现出空间优雅时尚的情调与品质，而远处暗绿色的窗帘则将空间的层次距离拉得更远。

◎【白色 + 黑色】

黑白配的色彩碰撞使用往往能激起现代感十足的火花，为了不使空间显得过于繁复，黑白沙发半围合住一个透明台面的茶几，恰好中和了空间中过多纹理带来的繁重的视觉感受；色彩在整个室内空间中相互反射与感染，比如白色电视柜与沙发背景墙，黑色沙发与电视背景墙的交叉反射；墙面上悬挂了黑色细框的装饰画，再一次与空间中的黑色产生呼应，使黑白的使用更有层次感，松紧有度。

◎【白色 + 黑色 + 金色】

纯白色沙发配以洗练的黑色扶手，轮廓和转折优美对称，显得空间高贵典雅；地毯由对称而富有节奏感的几何图案构成，同样黑白对比强烈，可以将现代时尚的特征准确地表达；挑选了四方连续的亮金色隔断，有效地中和了大量黑白色对撞所带来的沉闷感。

◎【灰蓝色 + 杏色】

利用灰蓝色调打造卧室中的宁静感，含蓄温柔的杏色床头软包和低调沉稳的咖啡色绒毯营造出温馨氛围；柔和的米黄色光源采用隐藏式设计，在光线变化中，空间环境色也随之改变，为卧室创造了更缓和放松的睡眠环境。

八、欧式古典风格配色方案

欧式古典风格的色彩大多金碧辉煌。红棕色的木纹彰显雍容，白色大理石演绎优雅的华彩，蜿蜒盘旋的金丝银线和青铜古器闪闪发亮。另外，以深色调为代表的色彩组合也适合于欧式古典，藏蓝色、墨绿色的墙纸，暗花满穗的厚重垂幔，繁复图案的深色地毯，配上白色木框的手扶手，贵族气息顿时扑面而来。

◎【淡咖啡色 + 奶黄色 + 黑色】

蜂蜜色与淡咖啡色，辅以淡丁香色软包家具，形成浪漫的欧式配色；实用丝绒类的材质，可以将蜜色系的特征表达得更加准确，进而形成具有蜜糖质地的空间特性；局部选用黑色系的陈设，有效地中和了蜜色系软装带来的轻佻感。

◎【白色 + 金色 + 木色】

白色搭配金色，本身就产生了强烈的法式情怀，在家具的选型上，就要格外注重整体性，不光要体现法式色彩，更需要呼应地面的材质，选择可以与之协调的木色作为搭配要素。

◎【紫罗兰 + 粉绿 + 金色】

充满贵族气质的客厅空间的软装色彩呈现出两大对比：紫金系列与绿金系列。注意当一个空间出现两种对比色的时候，需要降低其中一个对比色系的饱和度，以此来彰显空间色彩的主从关系。

◎【红棕色 + 冷灰色 + 橄榄绿 + 金色】

冷灰色与橄榄绿以及红棕色搭配最为适宜，整个空间毫无沉闷感；橄榄绿的窗帘与墙纸在墙面上调和了红木的质地，冷灰色布艺将整体色调处理得平和冷静，蜜糖色收边进一步提升空间品质。

◎【米色 + 卡其色】

大地色系是欧式配色中最端庄的颜色，米色、卡其色配香槟金形成同类色之间丰富的视觉变化；窗帘根据黑金花大理石的肌理色彩，挑选了棕红色系的欧式面料，强化空间的硬装轮廓；玻璃器皿与地毯布艺在选型上呼应窗帘色调，丰富了空间的层次。

◎【红棕色 + 米色】

米色与棕色是欧式风格家居中最经典的配色，在软装设计中过分追求米色与棕色的家具会带来沉闷之感，那么在陈设中加入一笔墨绿色，可以有效提升空间的品质感；挂画与花瓶的墨绿色呼应绿植的色彩，令空间有了一笔自然优雅之美。

九、田园风格配色方案

田园风格在色彩方面最主要的特征就是暖色调为主：淡淡的橘黄、嫩粉、草绿、天蓝、浅紫等一些清淡与水质感觉的色彩，能够让室内透出自然放松的气氛。但是田园风格中的彩色一般没有现代风格中的跳跃，显得比较灰，比较厚重。

◎【淡粉 + 苹果绿 + 木色】
原木制成的假梁与同色系的家居陈设使卧室呈现出接近自然的原生态美感，与色彩明快跳跃的苹果绿床品打造出愉悦的表情。线条精准的细框装饰画布满背景墙，与黑色床头形成有趣的强烈对照，而拥有优美曲线的金色镜子打破床头的凝重，使空间古典与现代并存。

◎【淡粉色 + 粉绿色】
绿色是最具有休闲气质的色彩，富于变化的绿色系花鸟纹样墙纸，配合粉绿白花窗帘，点明了这个空间的田园主题；窗外绿意盎然，室内工笔花鸟，两者之间一袭帘，悠然自得。

◎【白色 + 淡粉 + 黑色】
以洁净的白色作为餐厅空间的主色调，配以活泼轻柔的淡粉色，以达到其作为就餐环境所需要的干净、明亮的氛围。墙饰的选择显示出空间的个性，偶尔跳跃其间的黑色框搭配一个雕刻细腻的黑色餐边柜，收紧了空间过多的白色。

◎ 【粉色＋米色】

田园的色系是温和的居家色彩，图中大量采用柔和的糖色系软装进行整体的配色，一方面与硬装用色达成统一，另一方面通过糖色的温和感来凸显碎花面料的细节。

◎ 【白色＋红色】

选择一种重点色来回多次出现，是色彩设计中好学且容易操作的方法之一；餐厅以大量白色作为背景加以局部饱和度很高的红色作为搭配，可以轻松打造出富有情趣的效果。

◎ 【白色＋淡蓝】

马卡龙色系浅蓝色本身就具有柔和的属性，用碎花布艺的轻快来展示浅蓝的特征，与亚麻材质地毯结合，赋予空间清新明快的休闲气质，装饰画的选择上也强调了空间的洁净爽朗，因为单人沙发有木色的点缀，即使是丰富多变的印花图案也不会使空间显得过于缤纷复杂。

十、东南亚风格配色方案

东南亚风格在色彩方面有两种取向：一种是融合了中式风格的设计，以深色系为主，例如深棕色、黑色等，令人感觉沉稳大气；另一种则受到西式设计风格影响，以浅色系较为常见，如珍珠色、奶白色等，给人轻柔的感觉，而材料则多经过加工染色的过程。

如果痴迷于东南亚情调，就不要吝惜在墙面、地面铺上红色、藕荷色、墨绿色等充满华丽感觉的装饰材料，不用担心太过浓丽，只要与家具搭配得当，布艺上巧下心思就可以了。

◎【黄色＋蓝色＋红色】
使用较高饱和度的色彩相结合，向四周连续延伸的图形纹理带着和谐韵律的空间波动，多种元素的游离飘荡中，中黄色与孔雀蓝的结合，细节处用各式曲线将其进行分割形成主从关系，细腻的印花图案与大片的色彩之间形成极强的节奏感。

◎【白色＋水蓝色＋黄色】
明度极高，纯度极低的水蓝色会有前进的感觉，餐桌背景的装饰镜点明了空间主题，细节精致巧夺天工，与水蓝色相结合创造出美轮美奂的效果；丰富多变的花砖与桌上的器皿相映成趣，小范围中采用补色原理进行调和；高大的绿植融合了空间中游离的多种元素，带给人用餐时愉悦的心理感受。

◎【绿色＋棕红色＋米白色】
将两种对比色一起使用而没有违和感，技巧将某种色彩的明度降低；有个性的家居搭配要有鲜明的主题和极致的色彩，用深浅不一的苔草绿作为前进色，既能缓解绛红色的乏闷，同时又能解决苔草绿的过度轻挑感；空间中的工笔花鸟可谓点睛之笔，更加凸显出绿色在细节处的运用，提升空间的灵动感。

◎【白色＋红棕色＋土黄色】
前景色与背景色的热烈程度，往往
是决定物体在空间中活跃程度的主
要因素，特别是土黄色台儿、墙上
的叶子图案装饰画以及吊扇灯的运
用；如何让主角成为重点而不至于
太过抢眼，对这种细微之处的把控
和调节，就是软装陈设时设计师对
色彩把控能力的展现。

◎【米咖色＋红棕色＋松绿色】
米咖色和红棕色创造出温和的居家
色彩，本案大量采用了这两种色系
将整体的配色达成统一，空间中不
同程度的咖啡色的表现恰如其分，
通过松绿色和米白色的帷幔来柔和
空间层次，睡眠品质也随之提升。

◎【枯叶黄＋橙色＋白色】
利用正负型的原理处理墙面硬装，
用缓和的枯叶色勾勒墙面轮廓使之
充满民族韵味和异国风情，注重家
居的工艺细节而拒绝同质的乏味；
极具现代感的圆环台儿，中和了木
质家具带来的温润的视觉感受，协
调了空间的整体性。

十一、港式风格配色方案

港式风格不追求跳跃的色彩。黑白灰是其常用的颜色。同一套居室中没有对比色，基本是同一个色系，比如米黄色、浅咖啡色、卡其色、灰色系或白色等，凸显出港式家居的冷静与深沉。港式风格其中一个优点就在于大量使用金属色，却并不让人感觉沉重。

◎【香槟色 + 宝蓝色】

典雅端庄的香槟色系最容易展现卧室闲适的氛围，大面积的近似色软包简化了复杂线条，搭配线条简约的落地灯，古典与现代并存；在香槟色的基础上，艺术化地夸张处理了地毯上的花瓣图案，使之尺度变大，温柔的视觉感受不言而喻；另外再适当添加一些出挑的宝蓝色，用铜氨丝质地的柔软面料凸显宝蓝色的高贵气质，提升了空间的质感。

◎【米灰色 + 茶色 + 白色 + 蓝色】

在米灰色与茶色的基调中隐藏了丰富的行云流水般的图案，床头背景墙上的两面茶镜对仗工整，简约线条造型的奶白色柜体体现了空间中高雅的欧式格调，东方和西方元素并存，国际范呼之欲出。

◎【鸦青色 + 象牙白 + 橄榄绿】

仿佛墨色晕开又带点青紫色质地的背景墙，结合了传承着西方文化底蕴的精制灯饰；在整体明快、简约、单纯的空间中，丝绒质地的橄榄绿色沙发脱颖而出；象牙白色的茶几配有金色的细脚，气质出众，与背景墙白色的硬装饰面浑然一体；置身其中，舒适优雅之感袭人，让那些被尘器所困的心灵找到归宿。

◎【米白色 + 褐色】

在看似简单的米白色和褐色的空间中，设计师将多种设计手法融合进了统一的设计语境中：比如地砖的仿石材肌理与墙面纵向肌理的对比，铜制圆形台面与金属轮廓线的方形吊顶的对比，虚实交错，营造出统一和谐的空间秩序。

◎【浅褐色 + 蓝色 + 白色】

墙面与地面的色彩关系整体协调连贯，以丰富多变的蓝色与浅褐色为主，辅以金色点缀，形成贵气十足的现代空间，铜质家具的运用，巧妙得体，既与蓝色形成互补关系，又是石材饰面的色感延伸，将空间连贯凝聚成一个丰满的整体。

◎【灰色 + 金色 + 黑色】

宛若天然的大理石波浪纹里，辅以精致的梯级细节刻画，使之既有现代的凹凸感又有古典优美的曲线感，局部反射式的柔和灯光照在香槟色的沙发面料上，金色金属饰面静静地泛着影影绰绰的灯光，朦胧浪漫之感油然而生。

十二、新古典风格配色方案

　　新古典风格在色彩的运用上打破了传统古典主义的厚重与沉闷，以亮丽温馨的象牙白色、米黄色，清新淡雅的浅蓝色，稳重而不失奢华的暗红色、古铜色等演绎华美风貌。图案纹饰上多以简化的卷草纹、植物藤蔓等装饰性较强的造型作为装饰语言。

◎【黑色＋金色＋白色】

大面积的黑色背景反衬了古典金色纹样的床饰，连续排列的花朵图案散发着浓浓的怀旧气息，吊灯与地毯的纹样使空间充满复古情怀，一把方正的白色双人沙发又将现代简约的气息带入到空间当中，营造出复古与现代并存的氛围。

◎【米白色＋黑色＋金色】

白色与金色的搭配本身就是华贵的颜色，在高挑的客厅空间中，设计师用黄色的顶面与透亮的水晶吊灯诠释了空间的贵族气质；黑色的运用使空间避免了金色带来的浮夸感，又与白色家具结合使用，赋予空间高雅又充满现代感的氛围。

◎【白色＋黑色＋绿色】

绿色以不同色相与明度呈现的方式点明空间主题，用镜面黑色与绿色进行高对比度搭配，可以更好地体现绿色元素在色阶、色度上的层次与纯粹；白色作为硬装的主要颜色，融合了多种元素的组合，并且使空间给人以清透典雅的感受。

◎【白色 + 绿色 + 柠檬黄】

巧妙地采用白色为背景画面，将线状、点状、块状的绿色物体点缀其间，使空间整体上相呼应，瞬间就有了当代艺术的气质与美感。在配合少量高亮度柠檬黄作为点缀，通过冷暖对比变成了舒压色，具备了成熟的条理层次。

◎【白色 + 黛青色 + 藕紫色】

白色是空间中最具包容性的颜色，在背景墙上选择了一幅意境缥缈的装饰画，使白色在空间中的特质得以具象展示；一把藕紫色单人沙发，给室内增添了一份灵动感，墙角黑色烤漆面的边柜在肌理上又一次与整体空间气质形成呼应的对比构成关系。

◎【米咖色 + 金色 + 白灰色】

硬装和软装在色彩上必定要构成网状的关系，米咖色的运用在空间中形成了丰富的层次视感，金色的点缀将不同色彩的家具统一在一起，墙面、顶面、柜体边界、床与沙发的轮廓等用不同质感的金色丰富了空间的节点，无论在材质表情还是色块形状上都进行了对比与统一。

十三、地中海风格配色方案

地中海风格的最大魅力来自其高饱和度的自然色彩组合，但是由于地中海地区国家众多，呈现出很多种特色：西班牙、希腊以蓝色与白色为主，这也是地中海风格最典型的搭配方案，两种颜色都透着清新自然的气息；南意大利以金黄向日葵花色为主；法国南部以薰衣草的蓝紫色为主；北非以沙漠及岩石的红褐色、土黄色组合为主。

◎【白色 + 水蓝色】

大面积水蓝色强调了整个空间氛围，产生平和、稳定、安全的心理感受；深邃的藏蓝色单人沙发，仿佛给平静水面投掷了一粒石子，使得蓝色在空间中鲜活起来；再用明度降低的橙色面料点缀其间，增加了色阶的层次，使原本平白的空间多了随性的艺术气质。

◎【白色 + 咖啡色】

素雅的木质桌椅与怀旧的吊扇灯相映成趣，整个空间的氛围较为古朴且鲜有精雕细琢；通过马赛克瓷砖的组合设计，突出空间明亮跳跃的氛围，并且都带有细腻的色彩变化；而拱门和带有自然肌理的洁白墙面为整个空间提升了一个大节奏，稳住了地面色彩带来的活泼感。

◎【乳白色 + 米色 + 灰蓝色】

整体采用了乳白色系的同类色，其中，格纹的沙发面料与灰蓝色棉麻抱枕搭配使用，而藤筐的介入在材质层面上为其添加了大自然的清新元素；粗针织乳白色毛线面料悬挂着的绒球与沙发后的可爱摆件，无不显示出空间的文艺气质。

◎ 【白色 + 蓝色 + 黄色】

姜黄色墙面与明黄色花艺，湛蓝、普鲁士蓝、鸭蛋青……用冲突性较强的色彩凸显空间愉悦浪漫的气质；茶几上一蓝一黄两件花瓶，由于色彩明度较高，从而制造戏剧感；白色墙面洁净明亮，与装饰画中的湛蓝色产生对比，赋予空间青春气息。

◎ 【白色 + 黑色 + 淡蓝色】

看似简单的墙面与顶面，通过黑色线框使之产生体量上的节奏感，框线使整个空间产生了巨大的画面感，洁白的软装陈设与顶面造型产生呼应联系，有着里与外的节奏变化，而淡蓝色的窗帘彻底诠释了这个空间作为卧室的宁静情绪。

◎ 【亚麻白 + 蓝色 + 黑色】

蓝色的运用大胆而自信，粗肌理蓝色条纹地毯在色彩层面上实现了其与空间的大色块对比；在家具方面，黑色铁艺家具与蓝色色块打造出旋律优美的的民族风范，而棉麻编织的网状织物则将文艺感受进一步提升，给空间添加一抹悠闲的假日气氛。

十四、新中式风格配色方案

　　新中式设计风格的色彩趋向于两个方向发展：一是色彩淡雅的富有中国画意境的高雅色系，以无彩色和自然色为主，能够体现出居住者含蓄沉稳的性格特点；二是色彩鲜明的富有民俗意味的色彩，映衬出居住者的个性。

◎【靛青 + 黑色 + 白色】

蓝色与黑色在一起会产生出极为冷静的空间表情，本案中的蓝色同时具有前进和后退两种气质，主从关系明显，辅之以20世纪家具形态变革的餐椅，形制轻盈而神韵厚重；悬挂着洁白流苏的桌旗与桌面陈设形成正负的变化关系，糅合着视觉上的统一；薄粉色花朵的出现，使空间具备了冷暖对比的层次感。

◎【墨黑 + 亚麻灰 + 橙红色】

纯净的黑色借助光影细腻的变化作为整个空间的背景色，更加凸显出床品不同肌理的灰色布料的质感；同色系台灯借用传统元素使用金属材质，体现出非常典雅的现代感；古典传统的橙红色非常具有东方气质；花器的陈设上采用不同明度的绿色植物，利用整体环境营造出符合现代风格的文雅气氛。

◎ 【烟灰白 + 黑色】

本案在设计中突破了传统形式，将符合审美情怀的各个元素进行抽离，以当代的手法重新演绎东方神韵；烟灰色抽象云纹地毯连接着两侧沙发，并且遥相呼应顶面的肌理；缥缈的水晶吊灯如梦似幻，极大地提升了空间品质；传统与现代的融合，在当代生活中保留传统文化的一种诗意。

◎ 【黄灰色 + 黑色 + 白色】

大地色系往往给人稳重之感，用不同材质纹理诠释相同色系可以丰富视觉上的变化；黑色台几和白色光源，中和了大地色系带来的灰黄感受，而交叉的黑色细脚和白色圆形网格状吊灯，强化了空间的硬装轮廓，使空间条理清晰，张弛有度。

◎ 【桑染黄 + 浅绛色 + 亚麻色】

同为大地色系的墙面与桌面，虽然颜色相近但是质感不同，相映成趣，台面陈设精致的水晶杯，通透而华丽；格栅用精练畅快的黑色细线将平面分割得富有节奏变化，台面陈设了满月形状的艺术品与之相呼应，协调了过多线条带来的呆板感受；而空间中的植物陈设，大多一枝独秀，高低错落，饶有意境。

◎ 【浅黄 + 黑色 + 白色 + 驼色】

浅绛黄色营造了一个诗意悠远的中式空间，宝蓝色的布料选择，与黑色睡床搭配沉稳，与木色搭配自然，十分契合；浅褐色椭圆形沙发与装饰画的色调前后呼应，使空间的层次感达到意境深远的效果；白色的床幔充满浪漫韵味，柔化了黑色硬朗的线条，凸显惬意气质。

十五、中式古典风格配色方案

中式古典风格以黑、青、红、紫、金、蓝等明度高的色彩为主，其中寓意吉祥，雍容优雅的红色更具有代表性。中式古典风格的饰品色彩可采用有代表性的中国红和中国蓝，居室内不宜用较多色彩装饰，以免打破优雅的居家生活情调。室内空间的绿色尽量以植物代替，如吊兰、大型盆栽等。

◎【乳白色 + 深棕色】

对称工整的空间布局中，延伸了明代家居元素的乳白色家具，以轻巧的结构形态巧妙地弱化了木质坡度吊顶的存在感，白墙和踢脚线的处理与顶面形成了富有节奏的变化关系，给人以宽敞的空间感，突出简约典雅的设计情怀。

◎【深棕色 + 红色】

本案选用大量的红色装饰，第一眼就给人以热烈的东方美；背景墙上两侧深棕色木质格栅勾勒出装饰画的轮廓，一幅工笔花鸟隐隐地传达出空间所期盼的愿景，桌上的器皿用不同层次的同色搭配，与玻璃器皿的透亮材质一同为空间注入独特的温馨与柔情。

◎【米咖色 + 深棕色】

通过对顶灯艺术性的放大处理，将细节量化到最大；形制简约直白的家具陈设，凸显出空间山水画一般的生动气韵。沙发背景墙上通过三角结构的处理将功能和视觉结合在一起，艺术抽象化的图案元素穿插在空间中，使放松与休闲达到一定境界。

◎【咖啡色 + 蓝色 + 黄色】

多种元素统一于一个中式空间之中，用色大胆，天马行空；提炼了传统元素的吊顶古典文雅，与地毯的格纹互相呼应；宝蓝色的抽象意境装饰画赋予客厅独特的神态气质，将空间情境提升得更加深邃悠远；白色吊灯成为空间中最明亮的部分，使空间中游离荡漾的元素产生了微妙的化学变化。

第三节 室内装饰中的色彩运用

色彩运用是室内设计中不可缺少的内容。在室内设计中不仅要考虑各种色彩效果给空间塑造带来的限制性，同时更应该充分考虑运用色彩的特性来丰富空间的视觉效果。运用色彩不同的明度、彩度与色相变化来有意识地营造或明亮，或沉静，或热烈，或严肃的不同风格的空间效果。

一、室内装饰常用配色方法

1. 色彩搭配黄金法则

家居色彩黄金比例为6：3：1，其中"6"为背景色，包括基本墙、地、顶的颜色，"3"为搭配色，包括家具的基本色系等，"1"为点缀色，包括装饰品的颜色等，这种搭配比例可以使家中的色彩丰富，但又不显得杂乱，主次分明，主题突出。

在设计和方案实施的过程中，空间配色最好不要超过三种色彩，但如果客厅和餐厅是连在一起的，则视为同一空间。白色、黑色、灰色、金色、银色不计算在三种颜色的限制之内。但金色和银色一般不能同时存在，在同一空间只能使用其中一种。图案类以其呈现色为准。例如一块花布有多种颜色，由于色彩有多种关系，所以专业上以主要呈现色为准。办法是眯着眼睛即可看出其主要色调。但如果一个大型图案的个别色块很大的话，同样得视为一种颜色。

空间配色方案要遵循一定的顺序：可以按照硬装—家具—灯具—窗帘—地毯—床品和靠垫—花艺—饰品的顺序。

2. 确定一个色彩印象为主导

对一个房间进行配色，通常以一个色彩印象为主导，空间中的大色面色彩从这个色彩印象中提取，但并不意味着房间内的所有颜色都要完全照此来进行，比如采用自然气息的色彩印象，会有较大面积的米色、驼色、茶灰色等，在这个基础上，可以根据个人的喜好将另外的色彩印象组合进来，但要以较小的面积体现，比如抱枕、小件家具或饰品等。

◎ 6：3：1的色彩搭配法则

◎ 卧室的配色控制在蓝色、绿色与米色等三种色彩之内

◎ 确定房间的主色以后可在抱枕或其他饰品中添加其他点缀色

3. 适当运用对比色

适当选择某些强烈的对比色，以强调和点缀环境的色彩效果。如明与暗相对比，高纯度与低纯度相对比，暖色与冷色相对比等。但是对比色的选用应避免太杂，一般在一个空间里选用两至三种主要颜色对比组合为宜。

 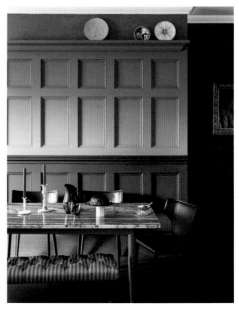

◎ 红色沙发与绿色抱枕形成一组对比色　　　　◎ 利用同一色彩的纯度对比营造层次感

4. 玩转色彩混搭

虽然在家居装饰中常常会强调，同一空间中最好不要超过三种颜色，色彩搭配不协调容易让人产生不舒服的感觉。但是，三种颜色显然无法满足一部分个性达人的需要，不玩混搭太容易审美疲劳了。想要玩转色彩，秘诀就在于掌握好色调的变化。

两种颜色对比非常强烈时通常需要一个过渡色，例如嫩嫩的草绿色和明亮的橙色在一起会很突兀，可以选择鹅黄色作为过渡。蓝色和玫红色放到一起跳跃感太明显，可以加入紫色来牵线搭桥。过渡色的点缀可以以软装的形式来体现，比如沙发、布艺、花艺等。这样多种色彩就能够在协调中结合，从视觉上削弱色彩的强度。

◎ 一个房间运用三种以上的色彩搭配需要把握好整体协调感　　　　◎ 蓝色与红色这组对比强烈的色彩组合需要加入紫色进行过渡

5. 白色起到调和作用

　　白色是和谐万能色，如果同一个空间里各种颜色都很抢眼，互不相让，可以加入白色进行调和。白色可以让所有颜色都冷静下来，同时提高亮度，让空间显得更加开阔，从而弱化凌乱感。所以在装修过程中，白墙和白色的天花是最保守的选择，可以给色彩搭配奠定发挥的基础，而如果墙面、天花、沙发、窗帘等都用了颜色，那么家具选择白色，也同样能起到增强调和感的效果。

◎ 大面积的白色让其他软装色彩更加出彩

6. 米色带来温暖感

　　根据对心理情绪的影响，色彩可以分为暖、冷两类色调。暖色以红、黄为主，体现着温馨、热情、欢快的气氛。冷色以蓝、绿为主，体现着冷静、湿润、淡薄的气氛。在寒冷的冬日里，除了花团锦簇可以带来盎然春意，还有一种颜色拥有驱赶寒意的巨大能量，那就是米色。米色系的米白、米黄、驼色、浅咖啡色都是十分优雅的颜色，米色系和灰色系一样百搭，但灰色太冷，米色则很暖。而相比白色，它含蓄、内敛又沉稳，并且显得大气时尚。尤其当米色应用在卧室墙面的时候，搭配繁花图案的床上用品，让人感觉就像沐浴在春日阳光里一般香甜。即便是一块米色的毛皮地垫，都能让家居顿时暖意洋洋。

◎ 想要营造温馨感的卧室空间最适合运用米色系

◎ 米色系给人带来暖意和优雅感

二、功能空间色彩分析

　　家居空间功能不同，色彩也不要一样；即使是相同功能的房间，例如同样是客厅、卧室，有时也会因居住者秉性不同而有差异。

1. 客厅色彩设计

　　客厅一般面积较其他房间的大，色彩运用也最为丰富。客厅的色彩要以反映热情好客的暖色调为基调，并可有较大的色彩跳跃和强烈的对比，突出各个重点装饰部位。

　　墙面色彩的确定首先要考虑客厅的朝向。南向和东向的客厅一般光照充足，墙面可以采用淡雅的浅蓝、浅绿等冷色调；北向客厅或光照不足的客厅，墙面应以暖色为主，如米色、奶黄色、浅橙色、浅咖啡色等色调，不宜用过深的颜色。其次，墙面色彩要与家具、室外的环境相协调。

◎ 客厅的墙面色彩要和家具相协调

◎ 冷色调适用于光照充足的客厅空间

◎ 暖色调适用于光照不足的客厅空间

2. 卧室色彩设计

卧室装修时，尽量以暖色调和中色调为主，过冷或反差过大的色调尽量少使用。色彩数量不要太多，2~3色就可以，多了会显得眼花缭乱，影响休息。墙面、地面、顶面、家具、窗帘、床品等是构成卧室色彩的几大组成部分。

卧室顶部多用白色，显得明亮。卧室墙面的颜色选择要以主人的喜好和空间的大小为依据。大面积的卧室可选择多种颜色来诠释；小面积的卧室颜色最好以单色为主，单色的卧室会显得更宽大，不会有拥挤的感觉。卧室的地面一般采用深色，不要和家具的色彩太接近，否则影响立体感和明快的线条感。卧室家具的颜色要考虑与墙面、地面等颜色的协调性，浅色家具能扩大空间感，使房间明亮爽洁；中等深色家具可使房间显得活泼明快。

◎ 小面积卧室的墙面运用单色会显得更加开阔

◎ 床品与地面色调相统一

◎ 整体协调的卧室色彩搭配

3. 餐厅色彩设计

餐厅是进餐的专用场所，它的空间一般会和客厅连在一起，在色彩搭配上要和客厅相协调。具体色彩可根据家庭成员的爱好而定，一般应选择暖色调，如深红色、橘红色、橙色等。这样的色彩设计不但能从心理上提高人的食欲，而且能营造一种温馨甜蜜的氛围。在局部可以选择白色或淡黄色，这是便于保持卫生的颜色。

◎ 鹅黄色墙面有利于营造餐厅的温暖氛围

◎ 暖色调在一定程度上可以促进人的食欲

4. 厨房色彩设计

厨房是烹饪食物的场所，是一个家庭中卫生最难打扫的地方。空间大、采光足的厨房，可选用吸光性强的色彩，这类低明度的色彩给人以沉静之感，也较为耐脏；反之，空间狭小、采光不足的厨房，则相对适合用明度和纯度较高、反光性较强的色彩，因为这类色彩具有空间扩张感，在视觉上可弥补空间小和采光不足的缺陷。

厨房的墙面一般为乳白色或白色，给人以明亮、洁净、清爽的感觉。有时也可在厨具的边缝配以其他颜色，如奶棕色、黄色或红色，目的在于调剂色彩，特别是在厨餐合一的厨房环境中，加一些暖色调的颜色，与洁净的冷色相配，有利于促进食欲。

◎ 蓝色与红色的点缀缓和大面积白色的单调感

◎ 餐厨合一的厨房空间中加入红色形成亮点

◎ 空间较大的厨房适合采用低明度且耐脏的色彩

◎ 小厨房适合采用明度高和反光性较强的色彩

5. 书房色彩设计

　　书房是学习、思考的空间，应避免强烈刺激，宜多用明亮的无彩色或灰棕色等中性颜色。家具和饰品的颜色，可以与墙面保持一致，在其中点缀一些和谐的色彩。如书柜里的小工艺品，墙上的装饰画（在购买装饰画时，要注意其在色彩上是为点缀用，在形式上要与整体布局协调），这样可打破略显单调的环境。

◎ 利用书柜中的花瓶饰品为书房增彩　　　　　　　　　　◎ 整体感较强的书房色彩搭配

6. 卫浴间色彩设计

　　卫浴间是一个清洁卫生要求较高的空间。色彩以清洁感的冷色调为佳，搭配同类色和类似色为宜，如浅灰色的瓷砖、白色的浴缸、奶白色的洗脸台，搭配淡黄色的墙面。

　　白色是卫浴间最常见的颜色，显得洁净、明亮，与人们对卫浴间的需求相吻合。建议用深浅色搭配，这样效果最好。

　　卫浴间的墙面、地面在视觉上占有重要地位，颜色处理得当有助于提升装饰效果。一般有白色、浅绿色、玫瑰色等。材料可以是瓷砖或者马赛克，一般以接近透明液体的颜色为佳，可以有一些淡淡的花纹。

◎ 蓝色与白色的搭配依然是地中海风格卫浴间的主角　　　　　◎ 红色给卫浴空间带来热情和浪漫的气氛　　◎ 利用布艺与花瓶的色彩作为点缀

三、室内空间细部配色

由于室内物件品种、材料、质地、形式的不同以及彼此在空间内层次的多样性和复杂性，在室内装饰中，室内空间细部色彩的统一性显然最为重要。

1. 家具色彩

空间中除了墙、地、顶面之外，便是家具的颜色面积最大了，整体配色效果主要是由这些大色面组合在一起形成的，孤立地考虑哪个颜色都不妥当。家具颜色的选择，自由度相对小，而墙面颜色的选择则有无穷的可能性。所以先确定家具之后，可以根据配色规律来斟酌墙、地面的颜色，甚至包括窗帘、工艺饰品的颜色也由此来展开。有时候一套让人喜爱的家具，还能提供特别的配色灵感，并能以此形成喜爱的配色印象。

家具色彩除了考虑硬装色彩外，还应兼顾硬装材质与家具的匹配度、硬装素材中造型与家具外观的匹配度、硬装造型中线形设计与家具用材的匹配度等。

◎ 家具色彩

◎ 由家具色彩展开空间的其他配色

2. 墙面色彩

墙面在家居空间环境中起着最重要的衬托功能，配色时应着重考虑其与家具色彩的协调及反衬的需要。通常，对于浅色的家具，墙面宜采用与家具近似的色调；对于深色的家具，墙面宜用浅灰色调。

一般来讲，墙面不适合太艳的颜色，通常中性色是最常见的，如米白、奶白、浅紫灰等。

另外，墙面颜色的选定，还要考虑到环境由于室温等因素带来的影响。比如，阳面的房间，墙面宜用中性偏冷的颜色，这类颜色有绿灰、浅蓝灰、浅黄绿等；阴面的房间则应选用偏暖的颜色，如奶黄、浅粉、浅橙等。

墙面颜色的设计还要考虑与室外环境色调的协调问题。比如，室外有大片红墙的话，室内墙面就不宜用绿色系，因为红与绿对比过于强烈，处理不好就给人一种杂乱无章的色彩视觉污染。

◎ 墙面色彩

◎ 温馨淡雅的米色系是应用最广的墙面色彩

3. 地面色彩

地面色彩构成中，地板、地毯和所有落地的家具陈设均应考虑在内。地面通常采用与家具或墙面颜色接近而明度较低的颜色，以期获得一种稳定感。

室内地面的色彩应与室内空间的大小、地面材料的质感结合起来考虑。有的业主认为地面的颜色应该比墙面重，对于那些面积宽敞、采光良好的房子来说，这是比较合理的选择。但在面积狭小的室内，如果地面颜色太深，就会使房间显得更狭小了，所以在这种情况下，要注意整个室内的色彩都要具有较高的明度。

◎ 采光良好的大空间中地面颜色应比墙面更深

4. 窗帘色彩

恰当的窗帘色彩可以和整个家居环境融为一体，并强化居室的格调；反之，则会使房间显得杂乱、缺乏美感。窗帘的色彩可以选择墙面的同色或者对比色，还可以将家具、布艺的色彩延伸到窗帘和灯具中。如果房间家具的色彩较深，在挑选布艺时，可选择较浅淡的

色系，颜色不宜过于浓烈、鲜艳。选择与家具同种色彩的窗帘是最为稳妥的方式，可以形成较为平和恬静的视觉效果。当然，还可以将家具中的点缀色作为窗帘主色，从而营造出灵动活跃的空间氛围。

◎ 窗帘色彩

◎ 选择与家具同种色彩的窗帘可以形成平静和谐的视觉效果

5. 装饰画色彩

一般情况下，装饰画的主体颜色和墙面的颜色最好能同属一个色系，以显融洽。但与此同时，装饰画中最好能有一些墙面颜色的补色作为点缀。所谓补色，就是色彩环上互呈180°的对比色彩，比如蓝色与橙色、紫色与黄色、红色与绿色等。

画框的颜色也能为墙面添色不少。一般情况下，如果整体风格相对和谐、温馨，画框宜选择墙面颜色和画面颜色的过渡色；如果整体风格相对个性，装饰画也偏向于采用选择墙面颜色的对比色，则可采用色彩突出的画框，形成更强烈和动感的视觉效果。此外，黑、白、灰是区别于彩色的三种"消色"，能和任何颜色搭配在一起，也非常适合应用在画框上。

◎ 装饰画色彩

◎ 同一色系的装饰画与墙面容易形成协调感

四、利用色彩调整空间缺陷

对不同的色彩，人们的视觉感受是不同的。充分利用色彩的调节作用，可以重新塑造空间，弥补居室的某些缺陷。

1. 调整过大或过小的空间

深色和暖色可以让大空间显得温暖、舒适。强烈、显眼的点缀色适用于大空间的墙面，用以制造视觉焦点，比如独特的墙纸或手绘。但要尽量避免让同色的装饰物分散在屋内的各个角落，这样会使大空间显得更加扩散，缺乏重心，将近似色的装饰物集中陈设便会让室内空间聚焦。

清新、淡雅的墙面色彩运用可以让小空间看上去更大；鲜艳、强烈的色彩用于点缀会增加整体的活力和趣味；还可以用不同深浅的同类色做叠加以增加整体空间的层次感，让其看上去更宽敞而不单调。

有些太过方正的小房间会让人感觉憋闷压抑，要改变这种状况，扩大视觉空间，可在地面上满铺不花哨的中性色地毯，但色彩不能太深，也不能太浅；墙面至少用两种较地毯浅的色彩。顶面用白色，而门框及窗框采用与墙面相同的色彩。

◎ 清新淡雅的墙面色彩让小空间显得更大

◎ 地面满铺中性色地毯可以改变方正小房间的压抑感

◎ 大面积的深色适用于调节面积过大的空间

2. 调整过大或过小的进深

　　纯度高、明度低、暖色相的色彩看上去有向前的感觉，被称为前进色；反之，纯度低、明度高、冷色相被称为后退色。如果空间空旷，可采用前进色处理墙面；如果空间狭窄，可采用后退色处理墙面。

　　如果房间太过狭长，在两面短墙上所用的色彩应比两面长墙更深暗一些，即短墙要用暖色，而长墙要用冷色，因为暖色具有向内移动感。另一种方法是在墙面铺贴墙纸，至少一面短墙上的墙纸颜色要深于一面长墙上的墙纸颜色，而且墙纸要呈鲜明的水平排列的图案。这样的处理会产生将墙面向两边推移的效果，从而增加房间的视觉空间。

◎ 后退色的墙面调节空间狭窄的缺陷

◎ 前进色的墙面调节空间空旷感

3. 调整过高或过低的空间

　　深色给人下坠感，浅色给人上升感。同纯度同明度的情况下，暖色较轻，冷色较重。空间过高时，可用较墙面温暖、浓重的色彩来装饰顶面。但必须注意色彩不要太暗，以免使顶面与墙面形成太强烈的对比，使人有塌顶的错觉；空间较低时，顶面最好采用白色，或比墙面淡的色彩，地面采用重色。

◎ 层高过低的房间顶面适用白色

◎ 层高过高的房间适用较墙面浓重的色彩来装饰顶面

五、商业空间色彩设计

色彩设计在商业空间中起着改变或创造某种空间格调的作用，在商业空间内部恰当地运用和组合色彩，调整好空间环境的色彩关系，对形成特定的氛围空间能起到积极的作用。

1. 酒店空间色彩设计

酒店的色彩设计需要考虑气候、温度和酒店房间的位置、朝向。如果酒店位于比较高温的地方，房间里的颜色就应该尽量避免使用暖色调；如果酒店是处在纬度比高的地方，房间里不宜使用冷色系来搭配。

如果酒店位于民族风情浓厚的地方，设计时最好借鉴当地的传统文化底蕴。很多时候住客可能就是因为这种民族风慕名而来，因此设计师需要把握好这些色彩细节。

此外，酒店房间颜色的选取还要考虑价格定位的问题，例如都市的大酒店适合时尚、宏伟、高档的色彩；旅游景点的酒店或汽车旅馆，更为适合可以营造亲切气氛的色彩。

◎ 现代时尚风格的酒店客房

◎ 充满粗犷乡村自然气息的酒店客房

◎ 国外酒店大堂设计

◎ 度假型酒店的大堂自助餐厅一角

◎ 通过色彩的丰富变化营造出独具品位的就餐环境

◎ 红色吊灯成为餐厅空间中的点睛一笔

◎ 黄色与橙色是快餐厅应用最广的两种色彩

2. 餐饮空间色彩设计

黄、橙色是欢快喜悦感的象征色彩，且易产生水果成熟的味觉联想，激发人的食欲，是餐饮业中的常用色彩。如果想要创造具有独特品位的餐厅环境，可以打破常规用色，采用表现个性的色彩处理；快餐中的色彩一般选用高明度与高彩度的色彩结合；各类餐厅的小包间的用色比较灵活，具体应根据包间的空间大小、风格特点来定。

◎ 利用餐椅的色彩配合造型吊顶塑造出餐饮空间的独特美感

3. 办公空间色彩设计

办公空间的色彩搭配原则是不但能满足工作需要，而且应提高工作效率。通常采用彩度低、明度高且具有安定性的色彩，用中性色、灰棕色、浅米色、白色的色彩处理比较合适。

职员的工作性质也是设计色彩时需要考虑的因素。要求工作人员细心、踏实工作的办公室，如科研机构，要使用清淡的颜色；需要工作人员思维活跃，经常互相讨论的办公室，如创意策划部门，要使用明亮、鲜艳、跳跃的颜色作为点缀，刺激工作人员的想象力。

◎ 大面积低彩度的色彩赋予办公空间宁静、优雅的氛围

◎ 黄色的加入很好地活跃了办公空间的气氛

◎ 紫色壁画的应用给办公空间增加高雅的艺术气息

◎ 工业风格的办公空间通常以灰色系为主色调

第三章 软装元素运用

在软装设计的过程中，

确定软装风格后再利用软装元素去填充，

这是一般的设计理念和步骤。

软装元素包括

家具、灯饰、布艺、花艺、装饰画、

工艺饰品以及图案应用等。

第一节 家具布置

家具布置必须着眼于居室整体环境的需要，把家具当作整体环境的一个有机组成部分。任何一件家具都不是孤立存在的，它受到其周围环境的制约，同时又对其赖以存在的环境产生影响。如果处理得当，一件普通的家具也能与其环境显示出和谐统一的美感；如果处理不当，一件美观的家具放到特定的环境后，不仅会破坏整个居室环境，也使其自身失去了光彩。

★ 特约软装专家顾问　张 成

成艺设计事务所创始人，擅长新中式、现代简约、地中海、混搭、自然风格。中国信息产业部注册设计师，河北省十大杰出室内设计精英，搜狐网中国室内设计精英圈发起人，搜狐第七届全国室内设计大赛十大优秀设计师，2015 年度中国室内设计华鼎奖获得者。

一、家具的风格类型

现代简约风格家具

现代简约风格家具强调功能性设计，线条简约流畅，色彩对比强烈。客厅中的沙发组合多采用极具线条的沙发类型，更能展现简约风格的基础特点。

◎ 现代简约风格家具

北欧风格家具

北欧风格家具以实用为主，多以简洁线条展现质感，具有浓厚的后现代主义特色，注重流畅的线条，在设计上不使用雕花、纹饰，代表了一种时尚、回归自然、崇尚原木韵味的设计风格。

◎ 北欧风格家具

美式乡村风格家具

美式乡村风格的沙发可以是布艺的，也可以是纯皮的，还可以两者结合，地道的美式纯皮沙发往往会用到铆钉工艺。如果墙面的颜色偏深，那么沙发选择枫木色、米白色、米黄色、浅色竖条纹皆可；如果墙面的颜色偏浅，沙发就可以选择稳重大气的深色系，比如棕色、咖啡色等。

◎ 美式乡村风格家具

法式风格家具

传统法式家具带有浓郁的贵族宫廷色彩，强调手工雕刻及优雅复古的风格，常以桃花心木为主材，完全手工雕刻，保留典雅的造型与细腻的线条，椅座及椅背均以华丽的锦缎织成，以增加舒适感，家具还有大量主要起装饰作用的镶嵌、镀金与亮漆。新古典风格的法式家具简化了繁复的线条和装饰，常用胡桃木、桃花心木、椴木和乌木等材质，以雕刻、镀金、嵌木、镶嵌陶瓷及金属等装饰方法为主。

◎ 法式风格家具

中式古典风格家具

中式古典风格家具一方面是指具有收藏价值的旧式家具，主要是明代至清代四五百年间制作的家具，这个时期是中国传统家具制作的顶峰时代；另一方面是仿明清式家具，是现代的工人继承了明清以来家具制作工艺生产出来的。

◎ 中式古典风格家具

新中式风格家具

新中式风格家具是对传统中式家具进行提炼并做适当的简化变形，整体造型以简洁的直线作基调。既符合现代家具的时代气息，又带有浓郁的中国特色。

◎ 新中式风格家具

欧式风格家具

欧式风格家具是以欧式古典风格装修为重要的元素，以意大利、法国和西班牙风格的家具为主要代表。讲究精细的手工裁切雕刻，轮廓和转折部分由对称而富有节奏感的曲线或曲面构成，并装饰镀金铜饰，结构简练，线条流畅，色彩富丽，艺术感强，给人一种华贵优雅、庄重的感觉。

◎ 欧式风格家具

新古典风格家具

比欧式古典更加的简化是新古典风格家具的特点，没有过于复杂的肌理与线条，更加适合现代人的审美观点以及生活。白色、咖啡色、黄色、黑色等是新古典家具中比较常见的色调。

◎ 新古典风格家具

东南亚风格家具

东南亚风格家具崇尚自然、原汁原味，以水草、海藻、木皮、麻绳、椰子壳等粗糙、原始的纯天然材质为主，带有热带丛林的气息。在色泽上保持自然材质的原色调，大多为褐色等深色系，在视觉上给人以泥土与质朴的气息。

◎ 东南亚风格家具

地中海风格家具

地中海风格最好是用一些比较低矮的家具，这样让视线更加开阔。同时，家具的线条以柔和为主，可以采用圆形或是椭圆形的木制家具，与整个环境浑然一体。

◎ 地中海风格家具

田园风格家具

田园风格家具一般选择纯实木为骨架，外刷白漆，配以花草图案的软垫，这种家具选用配套茶几即可；还有一种比较常用的二人或三人全布艺沙发，图案多以花草或方格为主，颜色清雅，通常配以木质浅纹路茶几。

◎ 田园风格家具

二、客厅空间家具布置

1. 客厅家具组成

客厅在日常生活中使用最为频繁的功能空间，是会客、聚会、娱乐、家庭成员聚谈的主要场所。客厅家具的选择与摆设，既要符合功能区的环境要求，又要体现自己的个性与主张，还要让客人或家人在这里能有一个安心舒适的休闲娱乐空间。

家具名称	家具图片	家具介绍
三人沙发		三人沙发是客厅最常见的沙发，分为双扶三人沙发、单扶三人沙发、无扶三人沙发。常见的三人沙发尺寸选购标准为长度175~226cm；深度80~90cm；座高35~42cm；背高为80~100cm
双人沙发		双人沙发一般用来在中小户型客厅中取代三人沙发的功能，双人沙发的尺寸选购范围为长度126~150cm；深度80~90cm；座高35~42cm；背高为68~88cm
单人沙发		单人沙发常以混搭的身份被穿插其中，既可以是客厅一个美丽的音符，也可以与其他家具组合成华丽的乐章。单人沙发的尺寸范围为长度80~95cm；深度85~90cm；座高35~42cm；背高70~90cm

茶几		一般来说，沙发前的茶几通常高约 40cm，以桌面略高于沙发的坐垫高度为宜，但最好不要超过沙发扶手的高度，有特殊装饰要求或刻意追求视觉冲突的情况除外。茶几的长宽比要视沙发围合的区域或房间的长宽比而定。大型茶几的平面尺寸较大，高度就应该适当降低，以增加视觉上的稳定感
角几		角几指比较小巧的桌几，可灵活移动。一般摆放于客厅角落或沙发边，如果只是用于放置台灯话电话，可以选择不带收纳功能的角几，而带收纳功能的角几可以轻松整理一些日常用品
电视柜		选择电视柜主要考虑电视机的具体尺寸，同时根据房间大小、居住情况、个人喜好来决定采用挂式或放置电视机柜上。如果沙发与电视墙之间的距离不大，可首先考虑采用挂式的方法
收纳柜		布置收纳柜可以实现客厅小物品的储放，收纳柜的外观风格要和客厅的整体风格一致，尤其是细节方面，如斗柜拉手、柜脚等细节部分的设计

2. 常见客厅家具布置形式

　　无论客厅是大还是小，是方正还是不规则，客厅家具的布置都需要精心规划，这样才能巧妙地利用家居的每寸地方，打造出最舒适的客厅。

一字形布置

　　一字形沙发布置用得十分普遍，它给人以温馨紧凑的感觉，适合营造亲密的氛围。只要将客厅里的沙发沿一面墙摆开呈一字状，前面放置茶几。这样的布局能节省空间，增加客厅活动范围，适合面积较小而成员多并重视活动空间的家庭。

◎ 一字形布置

L 形布置

　　L 形沙发布置是客厅家具常见的摆放形式，适合长方形、小面积的客厅内摆设。而且这种方式有效利用转角处的空间，比较适合家庭成员或宾客较多的家庭。布置时，先根据客厅实际长度选择双人、三人或多人座椅。再根据客厅实际宽度选择单人、双人沙发或单人扶手椅。

◎ L 形布置

U 形布置

　　U 形格局摆放的沙发，往往占用的空间比较大，所以使用的舒适度也相对高，特别适合人口比较多的家庭。一般由双人或三人沙发、单人椅、茶几构成，也可以选用两把扶手椅，要注意座位和茶几之间的距离。因为 U 形格局围合出一定的空间，所以沙发自身具有隐形隔断的作用，无形之中将客厅的边界划分出来。

◎ U 形布置

相对型布置

相对型的摆放方式其实不多见，它主要是利用主人和客人之间的交流，比较适合宾客较多，经常会有聚会的家庭。其实这类沙发也可以有很多变化的，可以选择三人沙发、双人沙发、单人扶手椅、躺椅、榻等，然后根据实际的需要随意搭配使用。

◎ 相对型布置

围合型布置

围合型布置是以一张大沙发为主体，再为其搭配多把扶手椅。主要根据客厅的实际空间面积来确定选择几把扶手椅，可以随自己喜好随意摆放，只要整体上形成凝聚的感觉就可以。这种围合式沙发摆放方式适用于大小不同的空间，还能在家具形式的选择上增加多种变化，更显示居住者的个性。

◎ 围合型布置

3. 不同面积客厅的家具布置

15m² 以下的客厅家具布置

15m² 的客厅在中小户型家居中比较常见。沙发是客厅的主角，也是客厅里面占据空间最多的家具，因为面积有限，空间小的客厅一般以实用性和流畅性为主，所以不需要选择整套的沙发，简单一张三人或者两人沙发，配合一张灵活的单人座即可。

此外，因为市面上的沙发都是有固定尺寸的，如果客厅对沙发的尺寸和功能有特殊需求，可以考虑定制，虽然价格更高，但是能够满足一些不规则户型和面积太小的客厅需求。

如果客厅的空间不算很大，那么就无须摆放太多的桌几，茶几和角几选择其一摆放即可，这样可以创造更多空间。也可以考虑具有收纳功能的桌几，一举两得。

15~30m² 的客厅家具布置

15~30m² 的客厅在中等面积户型家居中比较常见，适合 2~4 人居住。虽然客厅面积不小，但沙发尺寸未必就一定要大，可以考虑 3+2、3+1 等沙发组合，既可满足家居需求，又不会占据太多空间。

相对于小面积的客厅，15~30m² 的空间可在家具线条上有更多的变化，田园、美式和中式风格家具的线条和轮廓最为合适。当沙发的数量增多时，桌几可以相应适当增加，除了前方的茶几外，沙发之间的转角位置可以适当摆放角几。

◎ 2+1 的家具布置形式适用于小户型客厅

◎ 小面积客厅的家具布置以简洁为原则

◎ 3+2 的家具布置形式适用于中等户型客厅

30m² 以上的客厅家具布置

　　30m² 以上的客厅在别墅、复式和300m² 以上的住宅中比较常见。在这么大的客厅里面，沙发可以成套摆放，这样能够凸显出空间的大气感。形式上可考虑 3+2+1 或者 3+3+1+1 的组合。大客厅内的茶几无须只限一种形式，除了大茶几外，角几的款式可圆可方、可大可小、可高可低，这让客厅看起来更加错落有致。

◎ 3+2+1 的家具布置形式适用于大户型客厅

◎ 别墅客厅的家具采用成套摆放更能彰显气派

三、卧室空间家具布置

1. 卧室家具组成

　　卧室是所有房间中最为私密的地方，主要功能不仅是提供一个舒适的安睡环境，还得兼具储物的功能。一般来讲，卧室的家具要以低、矮、平、直为主，尽管衣柜的高度有它特定的使用要求，但除了顶柜之外，悬挂、储纳衣物的柜体一般也要将高度控制在两米以下。卧室家具包括床、床尾凳、衣柜、床头柜、梳妆台、休闲椅、衣帽架等。

家具名称	家具图片	家具介绍
床		一般住宅中的卧室都是方形或长方形的，其中有一面墙带有窗户。在这种格局的卧室里，可以将床头靠在与窗垂直的两面墙中的任意一面。当然，如果追求个性化，还需要参考开门的方向、主卫的位置、衣柜的位置等，做到因地制宜
床尾凳		床前凳最初源自于西方，是贵族起床后，坐着换鞋的。随着流传，床尾凳除了可以防止被子滑落，放一些衣服之外，还有一个重要作用，如果有朋友来，房间里没有桌椅，坐床上觉得不合适，就可以坐床前凳聊天
衣柜		衣柜是卧室中比较占位置的一种家具。衣柜的正确摆放可以让卧室空间分配更加合理。布置时应先明确卧室内其他固定位置的家具，根据这些家具的摆放选择衣柜的位置
床头柜		床头柜应与床保持一致的高度或略高于床，距离在 10cm 以内。如果床头柜放的东西不多，可以选择带单层抽屉的床头柜，不会占用多少空间。如果需要放很多东西，可以选择带有多个陈列格架的床头柜，除了摆放饰品，同样可以收纳书籍等其他物品

梳妆台		梳妆台分为独立式和组合式两种。独立式即将梳妆台单独设立，这样做比较灵活随意，装饰效果往往更为突出；组合式是将梳妆台与其他家具组合设置，这种方式适宜于空间不大的小户型
休闲椅		如果卧室的空间够大，不妨放置一把休闲椅，这样使得居家生活更加舒适。当然放在卧室里面的休闲椅，最好根据整体装饰风格进行选择，这样才会使得卧室协调统一，温馨舒适
衣帽架		衣帽架要与卧室整体相协调，最好是与衣柜相搭配，以免显得突兀。衣帽架的材质主要有木质和金属两种，木质衣帽架平衡支撑力较好，较为常用，风格古朴，适合中式、新古典等家居风格

2. 卧室家具布置重点

卧室摆设家具大多取决于房间门与窗的位置，以体现温馨舒雅的整体气氛、形成通顺流畅的动线为原则。具体以站在门外，不能直视到床上的布置为佳。窗户与床呈平行方向较适合，衣柜大多布置在床的侧边，梳妆台的摆放没有固定模式，可与床头柜并行放设，也可与床体呈平行方向布置。

（1）常见睡床的类型

名称	代表图片	适用风格	名称	代表图片	适用风格
板式床		现代简约风格 简约欧式风格	铁艺床		地中海风格 欧式风格
圆床		现代时尚风格	实木床		中式风格 欧式风格
四柱床		美式乡村风格 欧式古典风格	藤艺床		东南亚风格

（2）衣柜布置形式

卧室类型	示意图片	衣柜布置形式
正方形或者是接近于正方形的卧室		将衣柜的位置设计在床的一侧是最常见的形式，床和衣柜的中间留出走道的位置，既方便了上床下床，同时也为衣柜的开启提供了方便
长方形卧室		可以考虑将衣柜靠短的那两面墙体中的任何一面摆放，以充分利用长度方向的空间。此外，衣柜摆放在靠近床尾的那边短墙上，可以把睡床与衣柜整体搭配起来，更有效地化解了长度方向的不足，因为这种格局中，睡床的床头通常也是靠短的墙体摆放的
窗户比较多的大卧室		面积比较大的卧室内，如果四周都有窗户，可以在床的一侧制作顶天立地的衣柜当作隔断。衣柜可以采取双面开门的设计，方便物品取用。注意柜体的颜色不要与其他装饰形成太大反差，否则会失去整个空间的色彩平衡感
左右两边的宽度不够或者与主卫做成半通透的处理的卧室		这样常规的位置就做不下衣柜了，建议考虑把衣柜放在床对面的位置，但要特别注意移门拉开来以后的美观度，可以考虑做些抽屉和开放式层架，避免把堆放的衣物露在外面

（3）儿童房家具布置重点

　　一般儿童房家具有儿童床、儿童床头柜、儿童衣柜、转角书桌、转椅、儿童凳等，有些还会在儿童房中加入一些娱乐设施，增添活力。建议在 7 岁以下的儿童房间，家具应尽量靠墙摆放，给孩子留出更多的活动空间，这才是最符合他们年龄的实际生活需求。

　　儿童床要柔软舒适，尽量选择一些没有或少有尖锐棱角的，以防儿童磕伤碰伤。儿童床可选择比较新奇好玩的卡通造型，能引起儿童的兴趣，使其喜欢睡觉。一些松木材质的高低床同时具备睡眠、玩耍、储藏的功能，适合孩子各阶段成长的需要，是一个不错的选择。

　　此外，如果儿童房空间比较大，可以布置一些造型可爱、颜色鲜艳、材质环保的小桌子、小凳子放在儿童房中。儿童平时在房间中画画、拼图、捏橡皮泥，或者邀请其他小朋友来玩时，就可以用到它们了。

◎ 把床靠墙摆放腾出更多的活动空间是儿童房的设计重点之一

◎ 空间较大的儿童房中布置材质环保的小桌椅

◎ 有趣的卡通图案墙绘儿童房增加活泼的气氛

◎ 功能强大的高低床非常适合有两个孩子的家庭

四、餐厅空间家具布置

1. 餐厅家具组成

　　餐厅可以是单独的房间，也可从客厅中以轻质隔断或家具分割成相对独立的用餐空间，在布置上完全取决于各个家庭不同的生活与用餐习惯。餐厅家具主要是桌椅和酒柜等，一些家庭中也常常设有吧台，以满足高品质生活需求。

家具名称	家具图片	家具介绍
餐桌		餐桌的形状以方桌和圆桌为主，在考虑餐桌的尺寸时，还要考虑到餐桌离墙的距离，一般控制在 80cm 左右比较好，这个距离是包括把椅子拉出来，以及能使就餐的人方便活动的最小距离
餐椅		餐椅的造型及色彩要尽量与餐桌相协调，并与整个餐厅格调一致。餐椅一般不设扶手，这样在用餐时会有随便自在的感觉。但也有在较正式的场合或显示主座时使用带扶手的餐椅，以展现庄重的气氛
卡座		卡座是将传统沙发和餐椅功能综合延伸而成的一种坐具，合理的餐厅卡座不仅能有效解决迷你餐厅、狭长餐厅等户型问题，还能大大增加收纳空间
吧凳		吧凳面与吧台面应保持 25cm 左右的落差，吧凳与吧台下端落脚处，应设有支撑脚部的东西，如钢管、不锈钢管或台阶等，以便放脚。另外，较高的吧凳宜选择带有靠背的形式，以带来更舒适的享受
吧台		多数的吧台会用到人造石或者石英石台面，其实除了用石材做台面之外，吧台也可以由木工现场制作，表面涂刷混水油漆。这种做法的优势就是颜色可以根据需要选择，并且也可以与家中其他家具的色彩保持一致
酒柜		酒柜实际上具备备餐、储存、展示、装饰、隔断等多种功能，可以视具体情况布置。通常较小的空间，可以选择既能节省空间又保证了使用功能的角式酒柜
餐边柜		餐边柜按照形式可分为隔断式、低柜式等，餐边柜的开放和封闭，都要根据空间来协调，开放的餐边柜可以用来展示漂亮的餐厅用品，封闭的餐边柜一般本身已经很有特点，将餐厅用品放在里面，可以避免灰尘的侵扰

2. 餐厅家具布置重点

餐厅家具的摆放在设计之初就要考虑到位。餐桌的大小和餐椅的尺寸、数量等也要事先确定好。餐桌与餐厅的空间比例一定要适中，要注意留出人员走动的动线空间，距离根据具体情况而定，一般控制在 70cm 左右。

大户型居室一般单独用一个空间作餐厅，在家具布置上要照顾到多人用餐的需要。长方形桌可以容纳多人就餐，如果家里举行自助餐会，还能临时充当自助餐台；橄榄形餐桌适合非正式的聚会，如果房间够宽敞并且是长方形，更可以体现出曲线之美；如果用直径 90cm 以上的圆形餐桌，虽可坐多人，但不宜摆放过多的固定椅子。

小户型居室的餐厅一般与客厅连成一体，在餐厅空间不是很宽敞的情况下，可以采用卡座形式和活动餐桌、椅的结合。卡座不需要挪动，能节省较多的空间，并且具有储物功能。一般来说，卡座的宽度要在 45cm 以上。

◎ 橄榄形餐桌

◎ 长方形餐桌

◎ 小户型餐厅利用卡座节省空间

◎ 圆形餐桌

五、书房空间家具布置

1. 书房家具组成

书房作为阅读、书写及业余学习、研究工作的场所，是为个人而设的私密空间，最能表现出居住者的习性、爱好、品位和专长。除书柜、书桌、椅子外，兼会客用的书房还可配沙发与茶几。

家具名称	家具图片	家具介绍
书桌		书桌摆放位置一般选在窗前或窗户右侧，以保证充足的光线，同时可以避免在桌面上留下阴影，影响阅读或工作
书椅		书椅直接关系到使用者长期的舒适度。有一些偏古典设计的精致座椅非常漂亮，但倾仰的角度无法调节，长时间坐在上面容易疲劳，建议不要为了好看而牺牲了舒适性。此外，椅子与书桌的距离要科学，以保证使用者姿势舒适
书柜		书柜摆放方式最为灵活，可以和书桌平行布置，也可以垂直摆放，但应遵循一个原则：靠近书桌，以便存取书籍、资料
沙发		有的面积比较大的书房有会客区，就可以摆放休息椅或沙发。但书房是一个比较私人的空间，一般不会接待太多人，放置一张双人沙发或是两张相同款式的单人沙发即可

◎ 利用角落空间设计的书房宜选择定制书桌的形式

◎ 小户型的书桌靠墙摆放可以节省不少空间

2. 书房家具布置重点

书房家具在摆设上可以因地制宜，灵活多变。书桌的摆放位置与窗户位置很有关系，一要考虑灯光的角度，二要考虑避免电脑屏幕的眩光。面积比较大的书房中通常会把书桌居中放置，大方得体。在一些小户型的书房中，将书桌设计在靠墙的位置是比较节省空间的，而且实用性也更强。还有很多小书房是利用角落空间设计的，这样就很难买到尺寸合适的书桌和书柜，定做是一个不错的选择。

书柜一般沿墙的侧面平置于地面，或根据格局特点起到隔断空间的作用。如果摆放木质书柜，尽量避免紧贴墙面或被阳光直射，以免出现褪色或干裂的现象，缩短使用寿命。

◎ 大户型的书房把书桌居中摆放显得大方得体

六、玄关空间家具布置

1. 玄关家具组成

玄关的面积相对小，此处的家具不宜过多，更应充分利用空间，在有限的空间里有效而整齐地容纳足够的家具。常见的玄关家具有鞋柜、换鞋凳、玄关几、整体衣柜等。

家具名称	家具图片	家具介绍
鞋柜		一般来说，玄关最主要的家具就是鞋柜，一般要根据玄关的面积确定鞋柜的大小，保留足够的空间供成员出入通行
换鞋凳		换鞋凳给人提供一个换鞋平台，可以更加从容优雅地坐着换鞋。它的长度和宽度相对来说没有太多的限制，可以随意一些。选择较短的凳子是因为玄关空间有限，太长会给人以狭窄之感；选择较长的凳子是希望更好地利用凳子内部的收纳鞋子空间
玄关桌		玄关桌的装饰性往往大于实用性，如果玄关面积够大，又强调装饰效果，可以选用大一点的玄关桌，让玄关空间显得更加雅致，同时还能拥有一种贵族般的富丽之感
衣帽柜		衣帽柜可以充分利用进门处墙面的狭小空间，最大限度满足了收纳衣物的功能，又减轻了卧室的压力。对于无法单独开辟衣帽间的家庭来说，根据房型，如果条件允许，玄关处布置一个衣帽柜是个不错的选择

2. 玄关家具布置重点

鞋柜的摆放位置

    入户进门的大落地鞋柜可以储存海量物件。但一般不建议做成顶天立地的款式，做个上下断层的造型会比较实用，分别将单鞋、长靴、包包和零星小物件等分门别类，同时可以有放置工艺品的隔层，这样的布置也会让玄关区变得生动起来。

    玄关鞋柜通常会放在大门入口的两侧，至于具体是左侧还是右侧，可以根据大门的推动方向，也就是大门开启的方向来定。一般鞋柜应放在大门打开后空白的那面空间，而不应藏在打开的门后。

不同面积大小的玄关家具布置

    小玄关的空间一般都是呈窄条形的，常常给人狭小阴暗的印象。这类玄关最好只在单侧摆放一些低矮的鞋柜。如果有需要，就安装一个单柜来收纳衣服，切忌柜子太多，因为这样会使本来就狭窄的空间更加拘谨。

    宽敞一点的玄关可以摆放更多的家具，可以参考小玄关的布置方法，再摆放一个中等高度的储物柜或者五斗橱，以便于收纳更多的衣服或鞋子。

    如果玄关的空间够大，可以多摆设一些衣柜，有柜门的储物空间看起来整齐大气，而且材质好的木柜门还能体现出主人的品位。如果业主觉得只摆一组衣柜太过单调，可以适当放置矮凳、玄关柜等家具，这样不但能使换衣空间更加舒适，还能增加装饰性。

◎ 利用鞋柜中部的隔层放置工艺品可以活跃玄关处的氛围

◎ 面积较大的玄关可以摆放储物柜进行更多的收纳

◎ 面积较小的玄关设计入墙式鞋柜是最合适不过的选择

◎ 玄关设计上下断层的鞋柜更加实用

第二节 布艺装饰

软装设计中的布艺包括窗帘、床品、地毯、桌布、桌旗、抱枕等。好的布艺设计不仅能提高室内的档次，使室内更趋于温暖，更能体现居住者的生活品位。

⊛ 特约软装专家顾问　姚 小龙

国家二级注册建造师，南京市室内设计学会会员，现任南京臻典建筑装饰工程有限公司总设计师。南京《D-Life 设计与生活》杂志特约编委，南京新闻频率"完美空间"栏目专家设计师，2015 年大师工作营（广州设计周）毕业展落地负责人。

◎ 合理运用布艺可以快速改变居室的风格

一、布艺装饰功能

布艺是软装设计的有机组成部分，同时在实用功能上也具有它独特的审美价值。布艺软装比其他装饰手法实惠且便捷，只要更换一种窗帘或是一种床品，居室就会立即变成另一个风格。

1. 柔和线条

在对居室空间进行装修时，首先是基础装修，主要是墙面、地面、顶面的处理，这些都给人一种冷硬的感觉。而在后期软装设计中，布艺就能起到很大的作用。由于它本身柔软的质感，可为空间注入一丝温暖的氛围，丰富了空间的层次。

◎ 布艺具有柔化空间氛围的功能

2. 表现风格

布艺本身的质感和材质，很容易体现出各个不同的风格，从复古到现代，从奢华到简约，布艺都能轻松体现出来，运用时可以根据空间的风格进行选择，从而加强对风格的体现。

◎ 白底蓝花的床品布艺表现新中式风格的韵味

3. 表达个性

布艺的样式和花纹繁多，让人眼花缭乱，业主可以根据自己的喜好和性格进行选择，最终完成的装饰效果也表达出业主个人的品位和审美。

◎ 出色的布艺装饰充分表达主人出的审美和品位

二、布艺装饰要点

家居布艺种类繁多，设计时要遵循一定的原则，恰到好处的布艺装饰能为家居增添色彩，胡乱堆砌则会适得其反。

1. 注重整体风格呼应

挑选布艺首先要先定基调，主要体现在色彩、质地、图案的选择上，这些都要与室内装饰格调相统一。色彩浓重、花纹繁复的布艺表现力强，但较难搭配，适合豪华欧式风格的空间；浅色且具有鲜艳彩度或简洁图案的布艺，能衬托现代感强的空间；带有中国传统图案的织物，更适合中式古典风格的空间。

◎ 布艺的色彩和图案应与室内装饰格调相统一

2. 以家具为参照标杆

一个空间的基调是由家具决定的，家具色调决定着整个居室的色调，空间中的所有布艺都要以家具为最基本的参照标杆，执行的原则可以是：窗帘参照家具、地毯参照窗帘、床品参照地毯、小饰品参照床品。

◎ 根据餐椅色彩选择餐厅的窗帘布艺

3. 准确把握尺寸大小

窗帘、帷幔、壁挂等悬挂的布艺尺寸要适中，包括面积大小、长短要与居室的空间、悬挂的立面尺寸相匹配，在视觉上也要取得平衡感。如较大的窗户，应以宽出窗洞、长度接近地面或落地的窗帘来装饰。小空间内要配以图案细小的布料，大空间选择大型图案的布艺比较合适。

◎ 窗帘布艺的尺寸应与空间大小相匹配

4. 面料与使用功能统一

在面料质地的选择上，尽可能地选择相同或相近元素，避免材质的杂乱，当然最主要的还是要与布艺的使用功能相统一。如：装饰客厅可以选择华丽优美的面料，装饰卧室就要选择流畅柔和的面料，装饰厨房可以选择结实易洗的面料。

◎ 客厅布艺应体现美观性

◎ 客卧室布艺应体现柔软性

5. 不同布艺之间取得和谐

地毯、桌布、床品等布艺应与室内地面、家具的尺寸相和谐。在视觉上达到平衡的同时给予触觉享受，给人留下一个好的整体印象。例如：地面布艺多采用稍深的颜色，桌布和床品应反映出与地面的大小和色彩的对比，元素尽量在地毯中选择，采用低于地面的色彩和明度的花纹来取得和谐是不错的方法。

三、家具布艺应用

布艺家具质感柔和，且具有可清洗更换的特点，无论居家装饰，清洁维护都十分方便并富有变化，因此深受人们的喜爱，在进行整体软装设计时，家具布艺一定是重中之重，因为它决定着整体风格和格调。除了沙发以外，床、椅等家具上也常使用布料，除了全布质家具外，布艺常与木材、藤材搭配运用。

◎ 浅色调的家具布艺搭配　　　　◎ 深色调的家具布艺搭配

1. 家具布艺的色彩与图案

运用布艺装饰家具时，布艺的色彩、花色图案主要遵从室内硬装和墙面色彩，以温馨舒适为主要原则：淡粉、粉绿等雅致的碎花布料比较适合浅色调的家具；墨绿、深蓝等色彩的布料对于深色调的家具是最佳选择等。

2. 不同风格家具布艺应用

欧式风格家具布艺

大马士革图案是欧式风格家具布艺的最经典纹饰，采用佩斯利图案和欧式卷草纹进行装饰同样能达到豪华富丽的效果。

◎ 欧式风格家具布艺

法式新古典风格家具布艺

常以灰绿色搭配金色或银色的点缀，以展现贵族般的华贵气质。

◎ 法式新古典风格家具布艺

田园乡村风格家具布艺

常运用碎花图案的布艺，给人一种扑面而来的浓郁乡土气息，让生活在其中的人感到亲近和放松。

◎ 田园乡村风格家具布艺

中式风格家具布艺

中式风格家具往往很少将布艺直接与家具结合，而是采用靠垫、坐垫等进行装饰。

◎ 中式风格家具布艺

美式乡村风格家具布艺

材质一般运用本色的棉麻，以营造自然、温馨气息，与其他原木家具搭配，装饰效果更为出色。

◎ 美式乡村风格家具布艺

3. 布艺沙发搭配要点

材质

丝质、绸缎、粗麻、灯芯绒等耐磨布料均可作为沙发面料，它们具有不同的特质：丝质、绸缎面料的沙发高雅、华贵，给人以富丽堂皇的感觉；粗麻、灯芯绒制作的沙发朴实、厚重，表现自然、质朴的气息。

◎ 绸缎材质的沙发表现华丽感

◎ 灯芯绒材质的沙发表现质朴感

花形

从花形上看，可以选择条格、几何图案、大花图案及单色的面料做沙发。条格图案的布料视觉上整齐、清爽，此种布料的沙发，适用在设计简洁、明快的居室中；几何及抽象图案的沙发给人一种现代、前卫的感觉；大花图案的沙发跳跃、鲜明，可以为家中带来生机和活力；单色面料应用较广，大块的单一颜色给人平静、清新的居室气氛。

◎ 大花图案的沙发为家中增添活力

◎ 大块单一颜色的沙发是客厅最常见的选择

四、窗帘布艺应用

在软装设计中，窗帘具有画龙点睛的作用。漂亮的窗帘不仅在于花形和图案的搭配，布料种类、款式设计以及配件选用同样非常重要。

1. 窗帘布艺风格搭配

窗帘作为整体家居的一部分，要与整个家居环境相搭配。所以，在选购窗帘之前，应该首先明确家里的装修风格，不同的装修风格需要搭配不同的窗帘。

简约风格的装修中，窗帘的花色和款式应与布艺沙发搭配，采用麻制或涤棉布料，以米黄、米白、浅灰等浅色调为佳。

欧式风格中，窗帘的色调多为咖啡色、金黄、深咖啡色等。

中式风格的窗帘以偏红、棕色为主。

田园风格可选择小碎花或斜格纹的窗帘。

◎ 简约风格家居适合搭配灰色窗帘

◎ 田园风格家居适合搭配碎花窗帘

◎ 欧式风格家居适合搭配咖啡色窗帘

2. 窗帘布艺色彩搭配

深色的窗帘显得庄重大方；浅色调、透光性强的薄窗帘布料能够营造出一种庄重简洁、大方明亮的视觉效果。

需要充分考虑窗帘的环境色系，尤其是与家具的色调呼应，像客厅窗帘的颜色最好从沙发花纹中选取。例如白色的意式沙发上经常会点缀粉红色和绿色的花纹，窗帘就不妨选用粉红色或绿色的布料，整体比较协调。

如果室内色调柔和，并为了使窗帘更具装饰效果，可采用强烈对比的手法，例如在鹅黄色的墙壁垂挂蓝紫色的窗帘；如果房间内已有色彩鲜明的风景画，或其他颜色鲜艳的家具、饰品等，窗帘就最好素雅一点。

◎ 运用色彩对比的手法突出窗帘的装饰感

◎ 从客厅沙发中提取颜色应用到窗帘

3. 窗帘布艺材质类型

从材质上分，布艺窗帘有雪尼尔、棉质、麻质、纱质、丝质、绸缎、植绒、竹质、人造纤维等类型。

雪尼尔、丝质、绸缎面料的窗帘是布艺窗帘中价格较高的一类。雪尼尔窗帘表面的花形有凹凸感，立体感强，能使室内呈现出富丽堂皇的感觉；丝质窗帘光泽度很高，薄如轻纱却极具韧性，悬挂起来给人飘逸的视觉享受，但丝质不易染色，且价格较贵；绸缎窗帘质地细腻，给人华丽高贵的感觉，但价格也相对高。

很多别墅、会所想营造奢华艳丽的感觉，而又不想选择价格较贵的绸缎、雪尼尔面料，可以考虑价格相对适中的植绒面料。植绒窗帘手感好，挡光度好，缺点是特别容易挂尘吸灰，洗后容易缩水，适合干洗，因此，不适合一般家庭使用。

棉、麻是窗帘常用的面料，易于洗涤和更换，价格比较亲民。纱质的窗帘装饰性较强，透光性能好，并且能增强空间的纵深感，一般适合在客厅或阳台使用。

绸缎窗帘	麻质窗帘	棉质窗帘	纱质窗帘	丝质窗帘	雪尼尔窗帘	植绒窗帘

4. 窗帘布艺花形选择

窗帘布艺必须考虑花形与色彩及家居的和谐搭配。选择窗帘花形时，要了解不同工艺的花形特点，并且花形、色彩应与窗户与房间的大小、居住者年龄和室内风格相协调。

（1）制作工艺与窗帘花形

窗帘工艺主要分为印花、提花、绣花、烂花、剪花等。印花布艺的花形是直接印上去的，具有极好的逼真感及手绘般的印染效果；提花布艺的花形由不同颜色的织物编织起来，耐看而有内涵；绣花布艺是将各式花形以刺绣的形式展现在窗帘上，花形立体感强，精致细腻；烂花工艺是将布中部分材料腐蚀掉而造成布料部分薄的现象，花形风格自由多变，既可以年轻活泼，也可以古典华丽；剪花工艺主要运用在窗纱上，纹样轮廓清晰鲜明，色彩斑斓，可以产生浮雕般的艺术效果。

◎ 印花窗帘给室内带来艺术气息

（2）窗户形状与窗帘花形

窗帘的花形可以调节窗户的视觉效果。比较短的窗户不宜选用横的花形，否则会使窗户显得更短，采用竖的花形可以在视觉上起到增大的作用；花形大的布料不宜做小窗户上的窗帘，避免窗户显得狭小；此外，垂直的花形可以给人以稳重感。

◎ 窗帘的花形具有调节窗户视觉效果的作用

（3）空间大小与窗帘花形

一般来说，小花形文雅安静，能扩大空间感；大花形比较醒目活泼，能使空间收缩。所以小房间的窗帘花形不宜过大，选择简洁的花形为好，以免空间因为窗帘的繁杂而显得更为窄小。大房间可适当选择大的花形，若房间偏高大，选择横向花形效果更佳。

（4）居住者年龄与窗帘花形

婚房应选择花形别致、美观的窗帘，使房间洋溢青春的甜蜜气息；老人房的家具一般都比较厚重，可选用朴实安逸的花形，如素色、直条或带传统元素的窗帘，增加古朴典雅的气氛；儿童房的窗帘花形最好用小动物、小娃娃等卡通图案，充满童趣；年轻人的房间窗帘以奔放动感或是大方简洁的花形为宜。

◎ 窗帘上的花形大小宜根据所装饰空间的面积而定

◎ 带有卡通图案的窗帘是儿童房的最佳选择

◎ 红色花形窗帘增加甜蜜浪漫的氛围

5. 不同空间的窗帘应用

（1）客厅窗帘

客厅中的玻璃较多，所以窗帘的材质可以选用防紫外线和隔热效果较好的类型，在款式上可选择落地帘，给人以大气的视觉享受。此外，客厅的窗帘不管是材质还是色彩方面都应尽量选择与沙发相协调的面料，以达到整体氛围的统一。

不同质地的窗帘可产生不同的装饰效果，如果想表现豪华感，可以选择丝绒、提花、绸缎等都面料；如果想表现温馨感，可以选择格子布、灯芯绒、土布等纱质的窗帘。

◎ 绸缎窗帘表现出豪华感

◎ 格子布窗帘表现出温馨氛围

◎ 客厅的窗帘应尽量选择与沙发相协调的面料

（2）餐厅窗帘

餐厅是一个长期用餐的空间，有时难免会有一些油烟，所以最好选用便于洗涤更换的窗帘材质，如棉、麻、人造纤维等。

◎ 餐厅的窗帘最好选择易清洗的材质

（3）卧室窗帘

卧室是私密要求较高的区域，适合选用较厚质的布料，窗帘的质地以植绒、棉、麻为佳。一般来说，越厚的窗帘吸音效果越好。如果想打造一个舒适的睡眠环境，最好为卧室选择具有遮光效果的窗帘，可选用人造纤维或混纺纤维。此外，还有绸缎、植绒等质感细腻的面料，遮光和隔音的效果也都比较好。

◎ 卧室的窗帘强调遮光与隔音效果

（4）书房窗帘

书房需要一个安静的阅读环境，可以选择自然、独具书香味的木质百叶帘、隔声帘或素色卷帘。

◎ 素色的卷帘为书房带来一个安静的阅读环境

（5）阳台窗帘

封闭式阳台的最佳选择是阳光卷帘，遮光又透气，过滤紫外线，卷起时不占空间。如果阳台和卧室相通，中间安装一道布艺窗帘，以适合晚间睡眠使用。

◎ 阳台窗帘

（6）厨房和卫浴间窗帘

应选择防水、防油、易清洁的窗帘，一般选用铝百叶或印花卷帘。

◎ 厨房窗帘

◎ 卫浴间窗帘

6. 不同窗型的窗帘应用

窗型	窗帘图片	窗帘介绍
落地窗		落地窗常见于客厅、卧室等主要家居空间，适合选用设计大气的窗帘，简约大方的裁剪、单一且雅净的色调，能为落地窗帘达到大气加分。此外，丝柔垂帘也非常适用于落地窗，薄纱可以使室内有充裕的光线又不乏朦胧美感，同时也不失房间的私密性，可谓一举三得
飘窗		多见于卧室、书房、儿童房等空间的一种窗型。很多人喜欢坐到窗台上看书阅读，因此对窗帘的光控效果要求较高。一般可以选择使用双层的窗帘，一层主帘加一层纱帘
转角窗		一般分为 L 形、八字形、U 形、Z 形等类型，常见于餐厅、卧室、书房、儿童房、内阳台等处，由于造型独特，选用窗帘就要因型而异。转角处有墙体或窗柱的八字形窗可选择多块落地帘分割，方便使用和拆卸。但由于有多块窗帘，就需要方便的窗帘控制系统
高窗		有些跃层窗户的高度有 5~6m，因为窗子过高，较为适合安装电动轨道，有了遥控拉帘装置，就不会因窗帘过高不易拉合而担忧

7. 窗帘的清洁和保养

不同质地的窗帘有不同的洗涤方法，在清洗时最好能对号入座，这样才能保证窗帘的使用寿命。

窗帘材质	清洁和保养方式
棉、麻窗帘	可以直接放入洗衣机中清洗。除了使用洗衣粉之外，最好加入少许衣物柔顺剂，能让窗帘洗后更加柔顺、平整。容易缩水的面料应尽量干洗
花边窗帘	饰有花边的窗帘不适合用力清洗。清洗之前可以用柔软的毛刷轻轻扫过，将表面灰尘去除
绒布窗帘	绒布窗帘的吸尘力较强，拆卸之后应用手将窗帘抖一抖，令附着在绒布上的表面尘土自然掉落，再放入含有清洁剂的水中浸泡 15 分钟左右。绒布窗帘最好不要用洗衣机清洗，建议用手轻压滤水。洗净之后也不要用力拧干，使水分自动滴干就可以了
卷帘	卷帘一般较难拆卸，因此只能直接在卷帘上蘸洗涤剂清洗。清洗时应特别注意卷帘四周比较容易吸附灰尘的位置，若灰尘实在太多，可用软刷将灰尘去除，再用清水擦拭清洗。还可以喷些擦光剂，能使卷帘保持较长时间的清洁

五、抱枕布艺应用

抱枕是常见的家居小物品，但在软装中却往往有很意想不到的作用。除了材质、图案、不同缝边花式之外，抱枕也有不同的摆放位置与搭配类型，甚至主人的个性也会从大大小小的抱枕中流露一二。

◎ 抱枕是软装布艺中的重要元素

◎ 飘窗休闲区的抱枕摆放

◎ 抱枕往往能成为家居装饰中的点睛之笔

◎ 休闲椅上的抱枕摆放

◎ 沙发上的抱枕摆放

◎ 睡床上的抱枕摆放

1. 抱枕布艺的形状类型

抱枕的形状非常丰富，有方形、圆形、长方形、三角形等，根据不同的需求，比如沙发、睡床、休闲椅或餐椅，抱枕的造型和摆放要求也有所不同。

◎ 抱枕的造型多种多样

方形抱枕	长方形抱枕	圆形抱枕
方形的抱枕适合放在单人椅上，或和其他抱枕组合摆放，注意搭配时色彩和花纹的协调度	长方形抱枕一般用于宽大的扶手椅，在欧式和美式风格中较为常见，也可以与其他类型抱枕组合使用	圆形抱枕造型有趣，作为点缀抱枕比较合适，能够突出主题。造型上还有椭圆等立体的卡通造型抱枕

 |  |

2. 抱枕布艺摆设原则

◎ 对称法摆设

◎ "3+1" 不对称法摆设

◎ 远大近小法摆设

◎ 里大外小法摆设

（1）对称法摆设

如果把几个不同的抱枕堆叠在一起，会让人觉得很拥挤、凌乱。最简单的方法便是将它们都对称摆放，不管是放在沙发上、床上或者飘窗上，可以给人整齐有序的感觉。具体摆放时根据沙发的大小又可以分为"1+1"、"2+2"或者是"3+3"。注意摆设时除了数量和大小，在色彩和款式上也应该尽量选择对称。

（2）不对称法摆设

如果觉得把抱枕对称摆设有点乏味，还可以选择两种更具个性的不对称摆法：一种是"3+1"摆放，即在沙发的其中一头摆放三个抱枕，另一侧摆放一个抱枕。这种组合方式看起来比对称的摆放更富有变化。但需要注意的是，"3+1"中的"1"要和"3"中的某个抱枕的大小款式保持一致，以实现沙发的视觉平衡。

另一种不对称摆放方案是"3+0"，如果家中的沙发是古典贵妃椅造型或者沙发的规格比较小，那么这种摆放方法是非常不错的选择。由于人们总是习惯性地第一时间把目光的焦点放在右边，因此在将3个抱枕集中摆放时，最好都摆在沙发的右侧。

（3）远大近小法摆设

远大近小是指越靠近沙发中部，摆放的抱枕应越小。这是因为从视觉效果来看，离视线越远，物体看起来越小，反之，物体看起来越大。因此，将大抱枕放在沙发左右两端，小抱枕放在沙发中间，视觉上给人的感觉会更舒适。从实用角度来说，大尺寸抱枕放在沙发两侧边角处，可以解决沙发两侧坐感欠佳的问题。将小抱枕放在中间，则是为了避免占据太大的沙发空间，让人感觉只能坐在沙发边缘。

（4）里大外小法摆设

有的沙发座位进深比较深，这个时候抱枕常常被拿来垫背。如果遇到这种情况，通常需要由里至外摆放几层抱枕，布置时应遵循里大外小的原则。具体是指在最靠近沙发靠背的地方摆放大一些的方形抱枕，然后中间摆放相对小的方形抱枕，最外面再适当增加一些小腰枕或糖果枕。如此一来，整个沙发区看起来不仅层次分明，而且最大限度地照顾到了沙发的舒适性。

六、床品布艺应用

床品除了具有营造各种装饰风格的作用之外，还具有适应季节变化、调节心情的作用。比如，夏天选择清新淡雅的冷色调床品，可以达到心理降温的作用；冬天可以采用热情张扬的暖色调床品达到视觉的温暖感；春秋则可以用色彩丰富一些的床品营造浪漫气息。

1. 床品布艺搭配要点

与家居主题一致

根据家居主题尤其是卧室的具体氛围选择床品，会达到事半功倍的效果。花卉、圆点等图案的床品适合搭配田园格调；粉色主题的床品会使法式风格的卧室更加浪漫；抽象图案则更适宜简洁的现代风格。

◎ 新古典风格床品

◎ 美式乡村风格床品

◎ 新中式风格床品

◎ 现代时尚风格床品

与墙面或家具同色

为了营造安静美好的睡眠环境，卧室墙面和家具色彩都会设计得较柔和，因此床品选择与之相同或者相近的色调绝对是一种正确的方法。同时，统一的色调也让睡眠氛围更柔和。

◎ 选择与墙面同色的床品

与窗帘等软饰同款

选择与窗帘、抱枕等软饰相一致的面料作床品，形成和谐整体的空间氛围。注意这种搭配更适用于墙面、家具为纯色的卧室，否则太过缭乱。

◎ 选择与窗帘相协调的床品

与床头景致呼应

现代睡床的床头造型非常丰富，有古典雕刻、现代几何感或者不要床头的，甚至是非主流的小众款式。在选择床品时，如果能与床头造型形成呼应，睡眠区会更加完美。

◎ 床品图案与床头造型形成呼应

2. 床幔布艺装饰要点

在卧室的软装设计中，床幔绝对是点睛之笔，可以为卧室增添情调、烘托气氛。由于公寓房的卧室面积都不是很大，床幔会在视觉上占用一定空间，使得空间变小，所以在面料和花色的选择上，最好要与卧室中的窗帘、床品或者其他家具的色调保持统一。

（1）东南亚风格床幔

东南亚风格的卧室中很多都是四柱床，这种类型的床做窗幔，一般可选择穿杆式或者吊带式：吊带式床幔纯真浪漫；穿杆式床幔相对华丽大气。

为营造出东南亚风格的原始、热烈感，这种风格的床幔一般都选择亚麻材质或者纱质，色调上大多选择单色，如玫红色、亚麻色、灰绿色等。

（2）田园风格床幔

田园风格家居中，设计成有高高"幔头"的床幔，可以轻松营造公主房的感觉。这类床幔大都是贴着床头，将床幔杆做成

半弧形，为了与此协调，床幔的帘头也都做成弧形，而且大都伴有荷叶边装饰。田园风格的床幔，冬天最好选择棉质的布料或暖色轻柔的纱幔，春夏季节可以换成冷色纱质。

如果想突出田园风恬静、纯美的感觉，床幔的花色图案可选择白底小碎花、小格子、白底大花或是细条纹等，周边大都会有荷叶边的装饰。

（3）欧式风格床幔

欧式风格的床幔可以营造出一种宫廷般的华丽视觉感，造型和工艺并不复杂，最好选择有质感的织绒面料或者欧式提花面料。

同样，为了营造古典浪漫的视觉感，这类风格床幔的帘头上大都会有流苏或者亚克力吊坠，又或者用金线滚边来做装饰。若不想过于烦琐，也可以省略。

七、地毯布艺应用

　　地毯是家居装饰必不可少的元素之一，它可以丰富家居装饰的层次，分隔空间，每一种颜色的地毯给人一种不一样的内涵和感受。

1. 常用的地毯材质

地毯名称	地毯图片	地毯介绍
化纤地毯		也称为合成纤维地毯，又可分为尼龙、丙纶、涤纶和腈纶等四种，其中尼龙地毯是目前用量最为普及的地毯品种。化纤地毯的表面结构各异，饰面效果也多种多样，如雪尼尔地毯绒毛长，而 PVC 地毯起伏有致
羊毛地毯		羊毛地毯柔和舒适，在各种纤维中弹性最好，因而最厚实保暖，而且因为是天然纤维，所以不带静电、不易吸尘、吸音能力也很强。羊毛地毯价格较为昂贵，机织纯羊毛地毯每平方米在千元以上，手工编织的则高达数万元
真丝地毯		真丝地毯是手工编织地毯中最为高贵的品种。真丝的质地，光泽度很高，并且特别适合于夏天使用。但由于真丝不易上色，所以在色彩的浓艳和丰富上要逊于羊毛地毯。目前市场上一些昂贵的地毯上的图案用真丝制成，而其他部位仍然由羊毛编织
混纺地毯		由毛纤维及各种合成纤维混纺而成，色泽艳丽，易清洁，可以克服纯毛地毯不耐虫蛀及易腐烂的缺点。混纺地毯在图案花色、质地和手感等方面，与纯毛地毯相差无几，价格却大大降低，每平方米几百元到几千元左右
牛皮地毯		最常见的有天然牛皮地毯和印染牛皮地毯两种。牛皮地毯脚感柔软舒适，装饰效果突出，可以表现出空间的奢华感，增添浪漫色彩
麻质地毯		拥有极为自然的粗犷质感和色彩，用来呼应曲线优美的家具、布艺沙发或者藤制茶几，效果都很不错，尤其适合乡村、东南亚、地中海等亲近自然的风格

2. 地毯布艺选择要点

根据空间色彩选择

一般来说，只要是空间已有的颜色，都可以作为地毯颜色，但还是应该尽量选择空间使用面积最大、最抢眼的颜色，这样搭配比较保险。如果家里的装饰风格比较前卫，混搭的色彩比较多，也可以挑选室内少有的色彩或中性色。

◎ 根据客厅墙面与家具颜色选择地毯

根据采光情况选择

朝南或东南的住房，采光面积大，最好选用偏蓝、偏紫等冷色调的地毯，可以中和强烈的光线；如果是西北朝向的，采光有限，则应选用偏红、偏橙等暖色调的地毯，这样可以减轻阴冷的感觉，同时还可以起到增大空间的效果。

◎ 采光较好的房间适合搭配冷色调的地毯

◎ 采光不佳的房间适合搭配暖色调的地毯

根据家具款式选择

如果茶几和沙发都是中规中矩的形状，可以选择矩形地毯；如果沙发有一定弧度，同时茶几也是圆的，地毯就可以考虑选择圆形的；如果家中的沙发或茶几款式异型，也可以要求厂家定做，不过价格会较高。

◎ 方形茶几适合搭配相同形状的地毯

3. 家居风格与地毯搭配

中式风格地毯搭配

中式风格家具多为深褐色、深木色等，因此地毯也应选择同一色系，达到风格的统一。可以选择具有抽象中式元素图案的地毯；也可选择传统的回纹、万字纹或描绘着花鸟山水、福禄寿喜等中国古典图案的地毯。

◎ 中式风格地毯搭配

欧式风格地毯搭配

这种风格的地毯多以大马士革纹、佩斯利纹、欧式卷叶、动物、建筑、风景等图案构成立体感强、线条流畅、节奏轻快、质地醇厚的画面，非常适合与欧式家具相配套，还能打造欧式家居独特的温馨意境和不凡效果。

◎ 欧式风格地毯搭配

现代风格地毯搭配

多采用几何、花卉、风景等图案，具有较好的抽象效果和居住氛围，在深浅对比和色彩对比上可与现代家具有机结合。

◎ 现代风格地毯搭配

4. 不同空间的地毯布置

玄关地毯布置

由于玄关处是进出门的必经之地，地毯踩踏较频繁，所以尽量选择麻质或短毛、高密度的地毯，这些材质的地毯防尘抗污性较高，也更易清洁打理。

由于玄关位置的特殊性，此处的地毯多以小、薄为特征。尤其是小户型的玄关地毯，一般只能放置50cm×50cm左右，但是小且薄的地毯通常防滑性能不佳，可以考虑在地毯下加一块防滑垫。

◎ 玄关地毯应选择易清洁打理的材质

客厅地毯布置

空间紧凑的小户型，对空间整体的灵动性要求较高，客厅地毯可以跳出与沙发、家具的色彩，以跳跃、明快的方式与墙面、窗帘甚至于挂饰，在材质、图案以及色彩上形成层次呼应；大户型的客厅毯，更讲究大气稳重的花纹以及传统图案，以求与沙发、家具的整体协调性。

客厅地毯尺寸的选择要与沙发尺寸相适应。如果客厅选择3+1+1，或者3+2的沙发组合，地毯的尺寸应该以整个沙发组合内围合的腿脚都能压到地毯为标准，很多家庭常常只考虑了三人位的长度，导致地毯尺寸不够，不仅影响视觉效果，也容易导致单张或2人位的放置尴尬或者倾斜。

◎ 客厅地毯的图案和色彩要与整体相呼应

◎ 客厅地毯的尺寸应与家具尺寸相适应

餐厅地毯布置

地毯对餐厅来说功用很特殊，尤其对于铺设木地板等易刮滑地面材质，或餐桌椅采用不锈钢的家庭来说，经常移动餐桌椅对地面的磨损非常厉害，地毯可以有效减少这种磨损，延长地板的使用寿命。如果担心打理问题，可搭配性价比高、相对耐用的麻质地毯。此外，因为平时餐椅放在餐桌底下，就餐时椅子拉出，所以餐厅地毯尺寸应考虑到拉出的椅子。

◎ 圆形地毯与圆桌的搭配相得益彰

◎ 餐厅地毯兼具美观与避免地面被磨损的双重功能

卧室地毯布置

卧室是整个住宅空间相对私密的场所，在地毯的选择上，应着重考虑舒适度，选择短、长羊毛毯更为合适。无论是色泽协调柔和的小花图案，还是色彩对比上强烈一些的地毯，都可以凸显空间温馨与层次感。

在床尾铺设地毯，是很多样板房中最常见的搭配。对于一般家庭，如果整个卧室的空间不大，可以在床的一侧放置一块 1.8m×1.2m 的地毯。

◎ 在卧室床尾铺设地毯是最常见的做法

过道地毯布置

过道地毯应该兼顾前后两个空间的风格特点，如果两个空间的风格是统一的，那么就可以选择与这个风格相统一的图案色彩；如果两个空间并不是同一种风格，那么选择过道毯时就应该有所偏重，可以选择其中的一种风格，但是绝对不能同时采用三种风格，否则就会产生混乱的视觉效果。

作为一种空间的软装饰，选择过道地毯时可以把过道形状进行等比例缩小，这样视觉上才会平衡协调。

如果过道的光线昏暗，应该选择色彩比较明亮的地毯；如果过道的采光比较充足，则可以选择颜色稳重的过道地毯。

楼梯地毯布置

如果楼梯采光不好，要注意选择鲜亮色彩的楼梯地毯，可以起到提亮空间的作用；如果家里本身装饰过多，就不要再选带有复杂花纹的楼梯地毯，否则会造成视觉疲劳。

实木楼梯可以选择平绒厚实的地毯；大理石楼梯最好选用蓬松质地纤维的地毯；充满现代感的钢木楼梯在选择楼梯毯时也应考虑简洁明快的风格。

有老人的家中最好选择带有边花图案的楼梯地毯，这样的花纹带有导航感觉，可以让老人居中行走，保障安全；家里有小孩的楼梯地毯可以考虑满铺，因为小孩基本喜欢靠边扶着栏杆行走；有宠物的家庭不能选择圈绒质地的楼梯地毯，一方面不好清理，另一方面圈绒还会被宠物的爪子钓坏。

◎ 楼梯运用地毯可以很好地提升室内的品质感

◎ 彩色小块毯为卫浴间增添活力

卫浴间地毯

卫浴间比较容易打滑，地毯需要具有吸水、防滑功能，建议使用小块地毯。小小一块色彩艳丽的地毯可以为单调的卫生间增色不少。

八、餐桌布艺应用

为了跟家中的整体装修风格一致，很多人还是会选择给家中的餐桌铺上桌布或者桌旗。不仅可以美化餐厅，还可以调节进餐时的气氛。在选择餐桌布艺时需要与餐具、餐桌椅的色调，甚至家中的整体装饰相协调。

1. 根据家居风格搭配桌布

一般来说，简约风格适合白色或无色效果的桌布，如果餐厅整体色彩单调，也可以采用颜色跳跃一点的桌布，给人眼前一亮的效果；田园风格适合选择格纹或小碎花图案的桌布，显得既清新而又随意；中式风格桌布体现中国元素，如青花瓷、福禄寿喜等设计图案，传统的绸缎面料，再加上一些刺绣，让人觉得赏心悦目；深蓝色提花面料的桌布含蓄高雅，很适合映衬法式乡村风格。

注意在选择有花纹图案的桌布时，切忌只图一时喜欢而选择过于花哨的样式。这样的桌布虽然有第一眼的美感，但时间一长就有可能出现审美疲劳。

◎ 桌布的色彩要与餐桌椅相协调

◎ 简约风格桌布

◎ 田园风格桌布

◎ 法式乡村风格桌布

◎ 中式风格桌布

2. 根据就餐场合搭配桌布

正式一些的宴会场合，要选择质感较好、垂坠感强、色彩较为素雅的桌布，显得大方；随意一些的聚餐场合，比如家庭聚餐，或者在家里举行的小聚会，适合选择色彩与图案较活泼的印花桌布。

3. 根据色彩运用搭配桌布

如果使用深色的桌布，那么最好使用浅色的餐具，餐桌上一片暗色很影响食欲，深色的桌布其实很能体现出餐具的质感。纯度和饱和度都很高的桌布非常吸引眼球，但有时候也会给人压抑的感觉，所以千万不要只使用于餐桌上，一定要在其他位置使用同色系的饰品进行呼应、烘托。

◎ 使用纯度和饱和度都很高的桌布要有其他饰品进行呼应

4. 根据餐桌形状搭配桌布

如果是圆形餐桌，在搭配桌布时，适合在底层铺带有绣花边角的大桌布，上层再铺上一块小桌布，整体搭配起来华丽而优雅。圆桌布的尺寸为圆桌直径加周边垂下 30cm，例如桌子直径为 90cm，那么就可以选择直径为 150cm 的桌布。

正方形餐桌可先铺上正方形桌布，上面再铺一小块方形的桌布。铺设小桌布时可以更换方向，把直角对着桌边的中线，让桌布下摆有三角形的花样。方桌桌布最好选择大气的图案，不适宜用单一的色彩。此外，方桌布的尺寸一般是四周下垂 15~35cm。

如果家中用的是长方形餐桌，可以考虑用桌旗来装饰餐桌，可与素色桌布和同样花色的餐垫搭配使用。

◎ 圆形餐桌搭配桌布

◎ 方形餐桌搭配桌布

第三节 灯饰搭配与灯光运用

灯饰是软装设计的重要环节，不仅满足了人们日常生活的需要，同时也为家居空间起到了重要的装饰作用和烘托气氛作用。特别是在夜晚的时候，灯光的作用往往会为整个室内空间披上一层魅力的彩衣。

★ 特约软装专家顾问　张君

深圳独立设计师代表人物，深圳房网十大优秀设计师，2010年独立创办深圳市迪尚室内设计工作室，作品曾多次刊登《南方都市报》的家居栏目专刊及国内知名家居设计杂志。

一、灯饰的搭配原则

灯饰是软装设计中非常重要的一个部分，很多情况下，灯饰会成为一个空间的亮点，每个灯饰都应该被看作是一件艺术品，它所投射出的灯光可以使空间的格调获得大幅的提升。软装设计里的灯饰一般都是以装饰为主的，水晶吊灯是被使用率最高的，也是长期最受欢迎的。现代设计里，开始出现了更多形式多样的灯饰造型，每个灯或具有雕塑感，或色彩缤纷，在选择的时候要根据气氛要求来决定。

1. 明确灯饰的装饰作用

在给灯饰选型的时候，首先要先确定这个灯饰在空间里扮演什么样的角色，比如空间的天花很高，就会显得十分空荡，这时从上空垂下一个吊灯会给空间带来平衡感，接着就要考虑这个吊灯是什么风格，需要多大的规格，灯光是暖光还是白光等问题，这些都会左右一个空间的整体氛围。

2. 考虑灯饰的风格统一

在一个比较大的空间里，如果需要搭配多种灯饰，就应考虑风格统一的问题。例如客厅很大，需要将灯饰在风格上做一个统一，避免各类灯饰之间在造型上互相冲突，即使想要做一些对比和变化，也要通过色彩或材质中的某一个因素将两种灯饰和谐起来。

◎ 阿拉伯风格的客厅搭配充满浓郁异域风情的灯饰

◎ 客厅中的吊灯、壁灯、台灯在风格上应形成统一

◎ 灯饰具有很强的装饰功能

◎ 明确灯饰在空间中扮演的角色

3. 判断一个房间的灯饰是否足够

各类灯饰在一个空间里要互相配合，有些提供主要照明，有些是气氛灯，而有些是装饰灯。另外在房间的功能上，以客厅为例，假如人坐在沙发上想看书，是否有台灯可以提供照明，客厅中的饰品是否被照亮以便被人欣赏到，这些都是判断一个空间的灯饰是否已经足够的因素。

◎ 沙发背后的台灯可以提供读书时的照明

4. 谨慎使用纯装饰灯饰

理想的灯饰搭配是结合多种不同种类灯饰而形成的，用内嵌筒灯来搭配装饰灯饰是现代家居里常用的手法。当一个空间仅以装饰灯饰来照明，在夜间会给人总是不够明亮的感觉，需要加入更多的灯饰，所以打算使用纯装饰灯饰的时候要谨慎考虑。

◎ 装饰灯饰需配合内嵌筒灯才能提供足够的照明

5. 利用灯饰突出饰品

如果是想突出饰品本身而使其不受灯饰的干扰，那么内嵌筒灯是最佳的选择，这也体现了现代简约风格的手法；在传统手法里，可以将饰品和台灯一起陈列在桌面上，也可以将挂画和壁灯一起排列在墙面上。

◎ 把灯饰与其他饰品组成一道风景

6. 恰当选择灯饰的垂挂高度

灯饰的选择除了其造型和色彩等要素外，还需要结合所挂位置空间的高度、大小等综合考虑。一般来说，较高的空间，灯饰垂挂吊具也应较长。这样的处理方式可以让灯饰占据空间纵向高度上的重要位置，从而使垂直维度上更有层次感。

◎ 较高空间的灯饰垂挂吊具也需相应加长

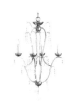

◎ 造型奇特的落地灯同样可以作为室内装饰的一部分

二、灯饰造型分类

灯饰按造型分类主要有：吊灯、吸顶灯、壁灯、镜前灯、射灯、筒灯、落地灯、台灯等。其中吊灯、吸顶灯、壁灯、镜前灯、射灯和筒灯是固定安装在特定的位置，不可以移动，属于固定式灯饰，而落地灯、台灯和烛台属于移动式灯饰，不需要固定安装，可以按照需要自由放置。

1. 吊灯

吊灯分单头吊灯和多头吊灯，前者多用于卧室、餐厅，后者宜用在客厅、酒店大堂等，也有些空间采用单头吊灯自由组合成吊灯组。不同吊灯在安装时离地面高度要求是各不相同的，一般情况下，单头吊灯在安装时要求离地面高度要保持在2.2m；多头吊灯离地面的高度要求一般要保持在2.2m以上，即比单头吊灯离地面还要高一些，这样才能保证整个家居装饰的舒适与协调性。

有些欧式装修的房间顶面会做一些相对复杂的吊顶处理，与整体造型相呼应。想要垂挂大型的吊灯时，最好将其直接固定到楼板层。因为如果吊灯过重，而顶面只有木龙骨和石膏板吊顶，承重会有问题。

◎ 欧式风格的大型吊灯需要安装牢固

◎ 单头吊灯

◎ 多头吊灯

水晶吊灯

水晶吊灯是吊灯中应用最广的，在风格上包括欧式水晶吊灯、现代水晶吊灯两种类型，因此在选择水晶吊灯时，除了挑选水晶材质外，还得考虑其风格是否能与家居整体相协调搭配。

◎ 水晶吊灯是应用最广的吊灯类型

烛台吊灯

烛台吊灯的灵感来自欧洲古典的烛台照明方式，那时都是在悬挂的铁艺上放置数根蜡烛。如今很多吊灯设计成这种款式，只不过将蜡烛改成了灯泡，但灯泡和灯座还是蜡烛和烛台的样子，这类吊灯一般适合于欧式风格的装修，才能凸显庄重与奢华感，不适合应用于现代简约风格的家居。

中式吊灯

中式吊灯一般适用于中式风格与新中式风格的家居。中式吊灯给人一种沉稳舒适之感，能让人们从浮躁的情绪中回归到安宁。在选择上，也需要考虑灯饰的造型以及中式吊灯表面的图案花纹是否与家居装饰风格相协调。

时尚吊灯

时尚吊灯往往会受到众多年轻业主的欢迎，适用于简约风格和现代风格家居。具有现代感的吊灯款式众多，主要有玻璃材质、陶瓷材质、水晶材质、木质材质、布艺材质等类型。

◎ 时尚风格吊灯通常应用于现代简约风格家居

吊扇灯

吊扇灯既有灯饰的装饰性，又有风扇的实用性，可以表达舒适休闲的氛围，经常会用于地中海、东南亚等风格的空间。使用的时候只要层高不受影响，还是比较舒适的，可以在换季的时候起到流通空气的效果。

◎ 吊扇灯兼具装饰性与功能性

2. 吸顶灯

◎ 吸顶灯通常用于层高较低的房间

吸顶灯安装时完全紧贴在室内顶面上，适合作整体照明用。与吊灯不同的一点是，吸顶灯在使用空间上有区别，吊灯多用于较高的空间中，吸顶灯则用于较低的空间中。

吸顶灯常用的有方罩吸顶灯、圆球吸顶灯、尖扁圆吸顶灯、半圆球吸顶灯、半扁球吸顶灯、小长方罩吸顶灯等类型。光源有普通白灯泡、荧光灯、高强度气体放电灯、卤钨灯、LED 灯等。目前应用较广的是 LED 吸顶灯，是居家、办公室、文娱场所等空间经常选用的灯饰。

吸顶灯的灯罩有亚克力、塑料和玻璃等类型，选择时应采用不易损坏的材料，尤其是有小孩的家庭，乱扔的玩具有时会打到灯罩上，因此最好不选玻璃罩的吸顶灯。灯罩的材质要均匀，既要有较高的透光性，又不能显出发光的灯管。不均匀的材质会影响灯的亮度，并对视力有害。一些透光性差的灯罩虽然美观，却影响光线，不宜选择。

3. 壁灯

壁灯是安装在室内墙壁上的辅助照明灯饰，常用的有双头玉兰壁灯、双头橄榄壁灯、双头鼓形壁灯、双头花边杯壁灯、玉柱壁灯、镜前壁灯等。选择壁灯主要看结构、造型，一般机械成型的较便宜，手工的较贵。铁艺锻打壁灯、全铜壁灯、羊皮壁灯等都属于中高档壁灯，其中铁艺锻打壁灯最受欢迎。

比较小的空间里，布置灯饰的原则最好以简洁为主，最好不用壁灯，否则运用不当会显得杂乱无章。如果家居空间足够大，壁灯就有了较强的发挥余地，无论是客厅、卧室、过道都可以在适当的位置安装壁灯，最好是和射灯、筒灯、吊灯等同时运用，相互补充。

不同场所的壁灯安装高度是不一样的，卧室床头的壁灯距离地面的高度在 140 ~ 170cm；书房壁灯距离书桌面的高度为 144 ~ 185cm，一般距离地面 224 ~ 265cm；过道的壁灯安装高度应略超过视平线 180cm 高左右，即距离地面 220 ~ 260cm。

◎ 壁灯是欧式古典风格过道的装饰元素之一

常见壁灯款式

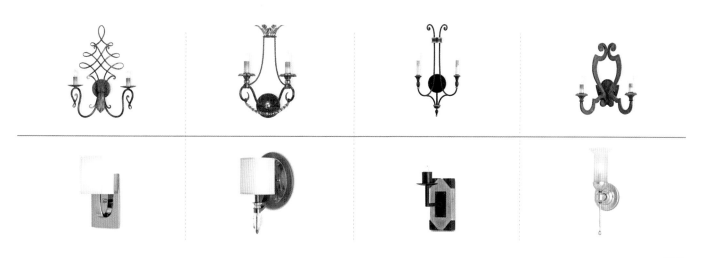

（1）客厅壁灯运用

　　客厅如果挑高，空间又较为开阔，可以使用大型吊灯来装饰顶部，会令房间显得富丽堂皇。这种情况下可以根据设计在客厅墙面的适当位置安装壁灯。沙发墙上的壁灯，不仅有局部照明的效果，同时还能在会客时增加融洽的气氛。电视墙上的壁灯可以调节电视的光线，使画面变得柔和，起到保护视力的作用。

◎ 欧式客厅安装壁灯更能体现出富丽堂皇的氛围

（2）卧室壁灯运用

　　卧室里使用壁灯是最为常见的，很多卧室甚至都不考虑用顶灯，而是主要采用壁灯、床头灯、射灯、筒灯、隐藏灯带等不同的灯饰组合来调节室内的光线。壁灯的风格应该考虑和床品或者窗帘有一定呼应，才能达到比较好的装饰效果。需要注意的是，人的眼睛对亮度有一个适应的过程，因而卧室里的灯尤其需要注意光线由弱到强的调节过程。

　　此外，卧室的壁灯最好不要安装在床头的正上方，这样既不利于营造气氛，也不利于安睡。安装的位置最好是在床头柜的正上方，并且建议采用单头的分体式壁灯。

◎ 卧室中的壁灯最好安装在床头柜的正上方

◎ 卧室中的壁灯可以和床头台灯搭配使用

（3）餐厅壁灯运用

　　餐厅如果足够宽敞，那么推荐选择吊灯作为主光源，再配合上壁灯作辅助光是最理想的布光方式。餐厅灯饰在满足照明的前提下，更注重的是营造一种就餐的情调，烘托温馨、浪漫的居家氛围，因此，应当尽量选择暖色调、可调节亮度的灯源。

◎ 餐厅壁灯的主要功能是作为辅助照明烘托气氛

（4）盥洗区壁灯运用

　　壁灯可以在盥洗区充当镜前灯，如果盥洗区的面积较小，那么一盏可以转动自若的壁灯就能完全满足需求；如果是面积较大的盥洗区，就可以采用发光顶棚漫射照明或采用顶灯加壁灯的照明方式。由于盥洗区潮气较大，选择的壁灯都应当具备防潮功能，壁灯的风格可以考虑与水龙头或者浴室柜的拉手有一定的呼应。

◎ 盥洗区壁灯应与整体空间风格融为一体

4. 朝天灯

朝天灯通常是可以移动和可携带的，灯饰的光线束是向上方投射的，通过投射到天花板，再发射下来，这样能够形成非常有气质的光照背景，用朝天灯展现出来的光照背景效果要比天花板上的吊灯展现的要柔和很多。在软装设计中，卧室墙面和电视背景墙等几处地方使用频率比较高，为家居氛围渲染起到重要的作用。

5. 镜前灯

镜前灯一般是指固定在镜子上面或镜子上方的照明灯，作用是增强亮度，使照镜子的人更容易看清自己，所以往往是配合镜子一起出现的。常见的镜前灯有梳妆镜子灯和卫浴间镜子灯，镜前灯还可以安装在镜子的左右两侧，也有和镜子合为一体的类型。

镜前灯应与卫浴间整体风格浑然一体，或古朴怀旧，或现代前卫，或田园风情，或都市浪漫，都可以透过光影辉映折射出来。目前用于镜前灯的光源主要有 LED 灯珠、节能灯以及一部分白炽灯。一般 LED 光源比较真实，当人在化妆的时候能正常反映出其化妆的效果，但是相对于节能灯而言，其灯光较冷。

◎ 造型可爱的小吊灯也是镜前灯的形式之一

◎ 卫浴间的壁灯可以起到镜前灯的功能

6. 筒灯、射灯

筒灯和射灯都是营造特殊氛围的照明灯饰，主要的作用是突出主观审美，达到重点突出、层次丰富、气氛浓郁、缤纷多彩的艺术效果的聚光类灯饰。

筒灯是一种相对于普通明装的灯饰更具有聚光性的灯饰，一般是用于普通照明或辅助照明。筒灯内部使用的是节能灯，颜色有白光和黄光可供选择，温度低，属于辅助型灯饰，不可以调节光源角度，一般使用在过道、卧室周圈以及客厅周圈。

射灯是一种高度聚光的灯饰，它的光线照射是具有可指定特定目标的，主要是用于特殊的照明，比如强调某个很有味道或者是很有新意的地方。家居装饰中使用的射灯分内嵌式射灯和外露式射灯两种，一般用于客厅、卧室、电视背景墙、酒柜、鞋柜等，既可对整体照明起主导作用，又可以局部采光，烘托气氛。

◎ 部分简约风格客厅通常采用筒灯结合灯带作为空间主要照明

◎ 床头上方的筒灯可以起到突出装饰画的作用

◎ 明装的射灯同时起到丰富白色顶面层次感的作用

◎ 落地灯可以很好地营造角落空间的氛围

7. 落地灯

落地灯一般摆放在客厅，和沙发、茶几配合，一方面满足该区域的照明需求，另一方面形成特定的环境氛围。通常，落地灯不宜放在高大家具旁或妨碍活动的区域内。此外，落地灯在卧室、书房偶尔也会涉及，但是比较少见。落地灯常用作局部照明，强调移动的便利，对于角落气氛的营造十分实用。落地灯的采光方式若是直接向下投射，适合阅读等需要精神集中的活动，若是间接照明，可以调整整体的光线变化。

落地灯一般由灯罩、支架、底座三部分组成。灯罩要求简洁大方、装饰性强，除了筒式罩子较为流行之外，华灯形、灯笼形也较多用；落地灯的支架多以金属、旋木或是利用自然形态的材料制成。

上照式落地灯

选择上照式落地灯时，要考虑吊顶的高度等因素。如果吊顶过低，光线就只能集中在局部区域，会使人感到光线过亮、不够柔和。同时，使用上照式落地灯，家中吊顶最好为白色或浅色，吊顶材料最好有一定的反光效果。

直照式落地灯

选择时要注意直照式落地灯的灯罩下沿最好比眼睛低，这样才不会因为灯泡的照射使眼睛感到不适。此外，室内光线对比太大会增加眼睛疲劳度，尽量选择可以调光的落地灯。使用时，由于直照式灯光线集中，最好避免在阅读位置附近有镜子及玻璃制品，以免反光造成眼睛不适。

8. 台灯

台灯是人们生活中用来照明的一种家用电器。它一般分为两种，一种是立柱式的，一种是有夹子的。工作原理主要是把灯光集中在一小块区域内，便于工作和学习。台灯根据材质分类有金属台灯、树脂台灯、玻璃台灯、水晶台灯、实木台灯、陶瓷台灯等；根据使用功能分类有阅读台灯和装饰台灯。

阅读台灯的灯体外形简洁轻便，是指专门用来看书写字的台灯，这种台灯一般可以调整灯杆的高度、光照的方向和亮度，主要是照明阅读功能。

装饰台灯的外观豪华，材质与款式多样，灯体结构复杂，起到点缀空间的效果，装饰功能与照明功能同等重要。

在选择台灯时，应以整个家居的设计风格为主。比如简约风格的房间应倾向于现代材质的款式，如 PVC 材料加金属底座或沙质面料加水晶玻璃底座；而欧式风格的房间可选木质灯座搭配幻彩玻璃的台灯，或者水晶的古典造型台灯。

◎ 实木台灯　　　　◎ 玻璃台灯　　　　◎ 陶瓷台灯

◎ 树脂台灯　　　　◎ 金属台灯　　　　◎ 水晶台灯

三、灯饰材质分类

灯饰按照不同材质主要分为水晶灯、铜艺灯、铁艺灯、羊皮灯等类型，设计师可以根据不同的装饰风格类型和价格定位选择不同材质的灯饰。

◎ 水晶灯是欧式风格客厅最常用的灯饰

1. 水晶灯

水晶灯给人绚丽高贵、梦幻的感觉。最开始的水晶灯是由金属支架、蜡烛、天然水晶或石英坠饰共同构成，后来天然水晶由于成本太高逐渐被人造水晶代替，随后又由白炽灯逐渐代替了蜡烛光源。

现在市场上销售的水晶灯大多都是由形状如烛光火焰的白炽灯做光源的，为达到水晶折射的最佳七彩效果，一般最好采用不带颜色的透明白炽灯作为水晶灯的光源。

由于天然水晶往往含有横纹、絮状物等天然瑕疵，并且资源有限，所以市场上销售的水晶灯都是使用人造水晶或者工艺水晶制作而成的。水晶灯的直径大小由所要安装的空间大小来决定，面积在 $20\sim30m^2$ 左右的房间中，不适宜安装直径大于 1m 的水晶灯。如果房间过小，安装大水晶灯会影响整体的协调性；层高过低的房间也不宜安装高度太高的水晶灯。安装在客厅时，下方要留有 2m 左右的空间，安装在餐厅时，下方要留出 1.8~1.9m 的空间，可以根据实际情况选择购买相应高度的灯饰。

常见的水晶灯款式

2. 铜艺灯

铜艺灯是指以铜作为主要材料的灯饰，包含紫铜和黄铜两种材质，铜灯的流行主要是因为其具有质感、美观的特点，而且一盏优质的铜灯是具有收藏价值的。目前具有欧美文化特色的欧式铜灯是市场的主导派系。早期的欧式铜灯的设计是从模仿当时的欧式建筑开始的，将建筑上的装饰特点搬移到灯饰上，这样形成了欧式铜灯的雏形。欧式铜灯非常注重灯饰的线条设计和细节处理，比如点缀用的小图案、花纹等，都非常的讲究。现在的铜灯中还有一种风格是常受追捧的——美式风格，化繁为简的制作工艺，使得美式灯饰看起来更加具有时代特征，能适合更多风格的装修环境。

3. 铁艺灯

铁艺灯是一种复古风的照明灯饰，可以简单地理解为灯支架和灯罩等都是采用最为传统的铁艺制作而成的一类灯饰，具有照明功能和一定装饰功能。铁艺灯并不只是适合于欧式风格的装饰，在乡村田园风格中的应用也比较多。

铁艺灯的主体一般由铁和树脂两部分组成，铁制的骨架能使灯饰的稳定性更好，树脂能使灯的外形塑造得更多样化，而且还能起到防腐蚀、不导电的作用，铁艺灯的灯罩大部分都是手工描画的，色彩以暖色为主，这样就能散发出一种温馨温和的光线，更能烘托出欧式家装的典雅与浪漫。

4. 羊皮灯

羊皮灯是指用羊皮材料制作的灯饰，较多地使用在中式风格中。它的制作灵感源自古代灯饰，那时草原上的人们利用羊皮皮薄、透光度好的特点，用它裹住油灯，以防风遮雨。

羊皮灯以格栅式的方形作为自己的特征，不仅有吊灯，还有落地灯、壁灯、台灯和宫灯等不同系列。

羊皮灯主要以圆形与方形为主。圆形的羊皮灯大多是装饰灯，在家里起画龙点睛的作用；方形的羊皮灯多以吸顶灯为主，外围配以各种栏栅及图形，古朴端庄，简洁大方。

市场上的羊皮灯一般是仿羊皮，也就是羊皮纸。由于羊皮纸有进口和国产之分，因此，好一点品牌的羊皮灯大部分选用进口羊皮纸，质量比国产的要好，价格自然也就高一些。

◎ 美式风格客厅中的铜艺灯

◎ 铁艺灯在乡村风格家居中应用较多

◎ 羊皮灯通常应用于中式风格客厅

◎ 灯光是在夜晚烘托家居氛围的最佳工具

四、不同空间的灯光运用

灯光是家居室内环境的重要组成部分，好的灯光运用不仅能够较好地满足居住需要，还能营造恰当的氛围，创造舒适的家居环境。只有了解灯光的基本运用，充分认识到照明的类型后，才能更好地在家居内充分运用各种光源，让每种光源用在恰当的空间，并得到满意的效果。

1. 玄关灯光运用

玄关一般都不会紧挨窗户，要想利用自然光来提高光感比较困难，而合理的灯光设计不仅可以提供照明，还可以烘托出温馨的氛围。玄关的照明一般比较简单，只要亮度足够，能够保证采光即可。

由于玄关是进入室内的第一印象处，也是整体家居的重要部分，因此灯具的选择一定要与整个家居的装饰风格相搭配，如果是现代简约的装修风格，那么在选择玄关灯具时，一定要以简约为主，一般选择灯光柔和的筒灯或者嵌入天花板之内的灯带进行装饰即可。

玄关的灯光颜色原则上使用色温较低的暖光，以突出家居环境的温暖和舒适感。对于面积较大的玄关而言，除了提供主灯之外，还应该提供辅助光源来提升装饰效果。辅助光源应以聚光灯为主，对玄关景点提供特定位置的照明。如果家里的玄关区域比较狭小，可以用灯光去制造视错觉，让人在视觉上把玄关与其他空间连接起来，造成其他空间也是玄关一部分的效果。

◎ 面积较大的玄关可以运用主灯与辅助照明结合的方式

沙发墙照明

考虑到家人常常是在沙发上消遣娱乐，沙发墙的灯光就不能只是为了突出墙面上出彩的装饰设计，同时要考虑坐在沙发上的人的主观感受。太强烈的光线容易造成眩光与阴影，让人觉得不舒服。建议摒弃炫目的射灯，安装装饰性的冷光源灯，如果确实需要射灯来营造气氛，则要注意避免直射到沙发上。

◎ 客厅沙发墙区域的照明在突出墙面装饰的同时还应避免让人觉得不舒服

◎ 边儿上的台灯也是沙发区域的照明形式之一

2. 客厅灯光运用

客厅是家居空间中活动率最高的场所，灯光照明需要满足聊天、会客、阅读、看电视等功能。一般而言，客厅的照明配置会运用主照明和辅助照明的灯光相互搭配，来营造空间的氛围。

客厅灯具一般以吊灯或吸顶灯作为主灯，搭配其他多种辅助灯饰，如：壁灯、筒灯、射灯等，此外，还可采用落地灯与台灯作局部照明，也能兼顾到有看书习惯的业主，满足其阅读亮度的需求。

电视墙照明

在电视机后方可设置暗藏式的背光照明或利用射灯投射到电视机后方的光线，来减轻视觉的明暗对比，缓解眼睛对电视的过度集中产生的疲劳感。

饰品照明

挂画、盆景、艺术品等饰品可采用具有聚光效果的射灯进行重点照明，以加强空间明暗的光影效果，突出业主的个人品位和空间个性。

◎ 客厅处的饰品可采用射灯进行重点照明

◎ 客厅的电视墙区域可运用暗藏式的灯带照明

3. 餐厅灯光运用

餐厅的照明要求色调柔和、宁静，有足够的亮度，这样不但使家人能够清楚地看到食物，还能与周围的环境、家具、餐具等相匹配，构成一种视觉上的整体美感。选择灯饰时最好跟整体装饰风格保持一致，同时考虑餐厅面积、层高等因素。

◎ 高低错落的小吊灯让就餐氛围更加活泼

◎ 极具创意的餐厅灯饰

层高较低的餐厅应尽量避免采用吊灯，否则会让层高看起来更低，不小心甚至还会经常发生碰撞。这时筒灯或吸顶灯是主光源的最佳选择。层高过高的餐厅使用吊灯不仅能让空间显得更加华丽而有档次，也能缓解过高的层高带给人的不适感。

空间狭小的餐厅里，如果餐桌是靠墙摆放的话，可以选用壁灯与筒灯的光线进行巧妙配搭，能营造出精致的环境效果。空间宽敞的餐厅选择性会比较大，用吊灯作主光源，壁灯作辅助光是最理想的布光方式。

◎ 长方形的餐桌适合一字形排开的多盏吊灯照明

◎ 层高较高的餐厅适合使用吊灯照明

长形的餐桌既可以搭配一盏长形的吊灯，也可以用同样的几盏吊灯一字排开，组合运用。前者更加大气，而后者更显温馨；如果吊灯形体较小，还可以将其悬挂的高度错落开来，给餐桌增加活泼的气氛。

此外，如果用餐区域位于客厅一角的话，选择灯饰时还要考虑到跟客厅主灯的关系，不能喧宾夺主。用餐人数较少时，落地灯也可以作为餐桌光源，但只适用于小型餐桌，同时选择落地灯款式时要注意跟餐桌的搭配。

4. 卧室灯光运用

卧室是全家人休息的私密空间，除了提供易于睡眠的柔和光源之外，更重要的是要以灯光的布置来缓解白天紧张的生活压力。一般卧室的灯光照明可分为普通照明、局部照明和装饰照明三种。普通照明供起居室休息；而局部照明则包括供梳妆、阅读、更衣收藏等；装饰照明主要在于创造卧室的空间气氛。

普通照明

在设计时要注意光线不要过强或发白，因为这种光线容易使房间显得呆板而没有生气，最好选用暖色光的灯具，这样会使卧室感觉较为温馨。注意普通照明最好装置两个控制开关，方便使用。

局部照明

例如，在睡床两旁设置床头灯，方便阅读，灯光不能太强或不足，否则会对眼睛造成损害，泛着暖色或中性色光感的灯比较合适，比如鹅黄色、橙色、乳白色等；梳妆台的局部照明可方便整妆，不少家庭大多在镜子上方装灯，其实这样容易产生阴影，在化妆镜两侧装灯才是最为明智的方法，但是要注意光线尽量与自然光接近。

装饰照明

在卧室中巧妙地使用灯带、落地灯、壁灯甚至小型的吊灯，可以较好地营造卧室的气氛。例如不少卧室的床头都会设计一个装饰背景，通常会有一些特殊的装饰材料或精美的饰品，这些往往需要射灯烘托气氛。但需要注意的是，一定要选择可调向的射灯，灯光尽量只照在墙面上，否则躺在床上的人向上看的时候会觉得刺眼。

◎ 卧室的床头灯应与整体色彩相协调

◎ 利用床头背景和顶面的点光源烘托卧室的氛围

5. 儿童房灯光运用

儿童房里一般以整体照明和局部照明相结合来配置灯具。整体照明用吊灯、吸顶灯为空间营造明朗、梦幻般的光效；局部照明以壁灯、台灯、射灯等来满足不同的照明需要。所选的灯具应在造型、色彩上给孩子一个轻松、充满意趣的环境，以拓展孩子的想象力，激发孩子的学习兴趣。灯具最好选择能调节明暗或者角度的，夜晚把光线调暗一些，增加孩子的安全感，帮助孩子尽快入睡。

书房内一定要设有台灯和书柜用射灯，便于主人阅读和查找书籍。台灯以白炽灯为好，瓦数最好在 60 瓦左右，台灯的光线应均匀地照射在读书写字的区域，不宜离人太近，以免强光刺眼，长臂台灯特别适合书房照明。

◎ 书房的灯光照明应遵循明亮柔和的原则

◎ 可调节方向和高度的长臂台灯特别适合书房照明

◎ 充满童趣的灯饰可以拓展孩子的想象力

6. 书房灯光运用

书房是家庭中阅读、工作、学习的重要空间，灯光布置主要遵循明亮、均匀、自然、柔和的原则，不加任何色彩，这样不易疲劳。

如果是与客房或休闲区共用的书房，可以选择半封闭、不透明的金属工作灯，将灯光集中投到桌面上，既满足书写的需要，又不影响室内其他活动；若是在坐椅、沙发上阅读，最好采用可调节方向和高度的落地灯。

◎ 书柜安装灯带可以方便主人查找书籍

7. 厨房灯光运用

厨房的灯饰应以功能性为主，外形大方，且便于打扫清洁。材料应选用不易氧化和生锈的，或有表面保护层的较好。

厨房的油烟机上面一般都带有25~40瓦的照明灯，它使得灶台上方的照度得到了很大的提高。有的厨房在切菜、备餐等操作台上方设有很多柜子，可以在这些柜子下面装局部照明灯，以增加操作台的亮度。

厨房间的水槽多数都是临窗的，在白天采光会很好，但是到了晚上做清洗工作就只能依靠厨房的主灯。但主灯一般都安装在厨房的正中间，这样当人站着水槽前正好会挡住光源，所以需要在水槽的顶部预留光源。效果简洁点可以选择防雾射灯，想要增加点小情趣的话可以考虑造型小吊灯。

小户型中餐厨合一的格局越来越多见，选用的灯具要注意以功能性为主，外形以现代简约的线条为宜。灯光照明则应按区域功能进行规划，就餐处与厨房可以分开关控制，烹饪时开启厨房区灯具，用餐时则开启就餐区灯具，也可调光控制厨房灯具，工作时明亮，就餐时作为背景光处理，调成暗淡。

◎ 在吊柜下方安灯增加厨房亮度

◎ 厨房吧台上方的蓝色灯饰具有很强的装饰性

◎ 厨房的水槽上方安装小吊灯方便晚上的清洗工作

8. 卫浴间灯光运用

卫浴间的灯具一定要有可靠的防水性和安全性。外观造型和颜色可根据主人的兴趣及爱好进行选择，但要与整体布局相协调。

不管卫浴空间大小与否，都可以选择安装简单的壁灯，以带来足够的光源。并在面盆、坐便器、浴缸、花洒的顶位各安装一个筒灯，使每一处关键部位都能有明亮的灯光。除此之外，就不需要安装专门的吸顶灯了，否则会让人有眼花缭乱的感觉。

如果卫浴空间比较狭小，可以将灯具安装在吊顶中间，这样光线四射，给人从视觉上有扩大之感。考虑到狭小卫浴间的干湿分区效果不理想，所以不建议使用射灯作背景式照明。因为射灯虽然漂亮，但是防水效果普遍较差，一般用不了多久就会失效。

大面积卫浴间的空间照明可以用壁灯、吸顶灯、嵌灯等。由于干湿分离普遍较好，因此小卫生不方便使用的射灯，在这里可以运用起来。射灯适合安装在防水石膏板吊顶之中，既可对准面盆、坐便器、浴缸的顶部形成局部照明，也可以巧妙设计成背景灯光以烘托环境气氛。

在传统的装修中，一般都会在卫浴间台盆柜的镜子上方安装一盏镜前灯。其实也有很多种其他的方法来给台盆柜的区域做照明，例如美式乡村风格，可以使壁灯安装在镜子的两边。此外，也可以在台盆柜的正上方安装射灯或者筒灯来进行照明。

◎ 小面积卫浴间建议把灯具安装在吊顶中间

◎ 卫浴间台盆柜的镜子上方安装镜前灯

第四节 花艺装饰与观赏绿植布置

花艺是通过鲜花、绿色植物和其他仿真花卉等对室内空间进行点缀，使得家居设计能够满足人们的审美追求。花艺装饰是一门不折不扣的综合性艺术，其质感、色彩的变化对室内的整体环境起着重要的作用。

★ 特约软装专家顾问　朱 迎松

新城控股集团设计中心副总、东华大学艺术设计学院客座教授，获得中装协颁发中国杰出中青年室内建筑师荣誉称号，商业设计心理学倡导者；获得中国地产人设计杰出贡献奖。

一、花艺的装饰作用

摆放合适的花艺，不仅可以在空间中起到抒发情感，营造起居室良好氛围的效果，还能够体现居住者的审美情趣和艺术品位。

◎ 花艺装饰可以让空间变得更优雅

1. 塑造个性

将花艺的色彩、造型、摆设方式与家居空间及业主的气质品位相融合，可以使空间或优雅，或简约，或混搭，风格变化多样，极具个性，激发人们对美好生活的追求。

2. 增添生机

在快节奏的城市生活环境中，人们很难享受到大自然带来的宁静、清爽，而花艺的使用，能够让人们在室内空间环境中，贴近自然，放松身心，享受宁静，舒缓心理压力和消除紧张的工作所带来的疲惫感。

◎ 利用花艺装饰体现主人的艺术品位

◎ 花艺装饰在室内空间中具有让人放松身心的作用

3. 分隔空间

在装饰过程中，利用花艺的摆设来规划室内空间，具有很大的灵活性和可控性，可提高空间利用率。花艺的分隔性特点还能体现出平淡、含蓄、单纯、空灵之美，花艺的线条、造型可增强空间的立体几何感。

◎ 利用花艺绿植分隔空间是软隔断的形式之一

二、花艺布置重点

花艺能够改善人们的生活环境，但在具体应用时，要充分结合花艺的材质、设计以及环境的格调和功能，综合考虑选择花艺，才能更好地发挥出美化环境的效果。

1. 空间格局与花艺的选择

花艺在不同的空间内会表现出不同的效果，例如在玄关处选择悬挂式的花艺作品挂在墙面上，就能让人眼前一亮，但应当尽量选择简洁淡雅的插花作品；在卫浴间摆放花艺，能够给人舒适的感受，但因为此处接触水比较多，所以可以选择玻璃瓶等容器。

◎ 玄关处适宜布置悬挂式花艺

◎ 卫浴间选择玻璃花瓶可以避免受潮

2. 感官效果与花艺的选择

花艺选择还需要充分考虑人的感官和需要，例如餐桌上的花卉不宜使用气味过分浓烈的鲜花或干花，气味很可能会影响用餐者的食欲。而卧室、书房等场所，适合选择淡雅的花材，能使居住者感觉心情舒畅，也有助于放松精神，缓解疲劳。

◎ 餐桌上避免摆放气味过分浓烈的花艺

3. 空间风格与花艺的选择

花艺一般可以分为东方风格与西方风格，东方风格更追求意境，喜好使用淡雅的颜色，而西方风格更喜欢强调色彩的装饰效果，如同油画一般，丰满华贵。选择何种花艺，需要根据空间设计的风格进行把握，如果选择不当，则会显得格格不入。

◎ 东方风格花艺

◎ 西方风格花艺

4. 花材材质与花艺的选择

花艺材料可以分为：鲜花类、干花类、仿真花等。

鲜花类

鲜花类是自然界有生命的植物材料，包括鲜花、切叶、新鲜水果。鲜花色彩亮丽，且植物本身的光合作用能够净化空气，花香味同样能给人愉快的感受，充满大自然最本质的气息，但是鲜花类保存时间短，而且成本较高。

◎ 鲜花类

干花类

干花类是利用新鲜的植物，经过加工制作，做成的可长期存放，有独特风格的花艺装饰，干花一般保留了新鲜植物的香气，同时保持了植物原有的色泽和形态。与鲜花相比，能长期保存，但是缺少生命力，色泽感较差。

◎ 干花类

仿真花

仿真花是使用布料、塑料、网纱等材料，模仿鲜花制作的人造花。仿真花能再现鲜花的美，价格实惠并且保存持久，但是并没有鲜花类与干花类的大自然香气。

要发挥不同材质花的优势，需要认真考虑空间的条件，例如在盛大而隆重的庆典场合，必须使用鲜花，这样才能更好地烘托气氛，体现出庆典的品质；而在光线昏暗的空间，可以选择干花，因为干花不受采光的限制，而且又能展现出干花本身的自然美。

◎ 仿真花

5. 采光方式与花艺的选择

不同采光方式会带给人不同的心理感受，要想使花艺更好地表达它自身的意境和内涵，就要使之恰到好处地与光影融合为一体，以产生相得益彰的效果。一般来讲，从上方直射下来的光线会使花艺显得比较呆板；侧光会使花艺显得紧凑浓密，并且会由于光照的角度不同而形成明暗不同的对比度；如果光线是完全从花艺的下方照射的话，会使花艺呈现出一种飘浮感和神秘感；在聚光灯照射下，花艺也会产生更加生动独特的魅力。尤其是在较大空间里摆放大型花艺时，应用聚光灯，会使效果更突出、更耀眼。

另外，值得一提的便是烛光的运用。由于烛光是黄色的，会改变鲜花的色彩，削弱其色彩的浓度与新鲜程度，因而在烛光下，最好是选用纯白色、乳白色或亮黄色的花艺，因为这些色彩可以在幽暗之中光彩依旧。也可以多选择一些富有香气的鲜花，以便抵消光线暗淡所造成的视觉上的缺憾。

◎ 大型花艺可以通过灯光映射增加装饰效果

三、花器的选用

1. 花器的种类

花器虽然没有鲜花的娇艳与美丽，但美丽的鲜花如果少了花器的陪衬必定逊色许多。在家居装饰中，花器的种类有很多，甚至会让人挑花了眼。从材质上来看，有玻璃、陶瓷、树脂、金属、草编等，而且各种材质的花器又拥有独特的造型，适合搭配不同的花卉。

花器名称	花器图片	花器介绍
玻璃花器		玻璃花器拥有迷人的魅力，那是因为在其透明的材质下，能够闪现出绚丽的光泽。选择玻璃花器，能够把花映衬在玻璃上，让玻璃器皿上有一种水画的感觉，更能衬托出花的美丽
陶瓷花器		陶瓷花器是花艺装饰中最普遍的花器。各种插法都能显出其特色，而且拥有比较独特的民族风情和文化艺术，能够给人们带来一种艺术的享受
树脂花器		树脂花器是属于经济型的花器。价格适当，非常轻便，而且色彩丰富，不易摔坏。在选择这样的花器时就要注意色彩和家居风格的搭配
金属花器		由铜、铁、银、锡等金属材质制成。给人以庄重、豪华的感觉，在东西方的插花艺术中，金属花器是必不可少的，因为它能反映出不同历史时代的艺术发展
藤、竹、草编花器		用自然材料制成的花器，具有朴实无华的乡土气息，而且易于加工。这样的花器和花艺的搭配一定要适合与自然相协调的风格，那样才能体现出原野的风情

2. 花器的搭配方法

在花器的选择上，如果家里的装饰已经比较纷繁多样，可以选择造型、图案比较简单，也不反光的花器，比如原木色陶土盆、黑色或白色陶瓷盆等，而且也更能突出花艺，让花艺成为主角。如果想要装饰性比较强的花器，则要充分考虑整体的风格、色彩搭配等问题。

（1）根据家居环境选花器

选择花器第一步要考虑它摆设的环境。花器摆放需要与家居环境相吻合，才能营造出生机勃勃的氛围。

客厅是亲朋好友聚会的地方，可以选择一些款式大方的花器，给客厅带来热烈的气息。例如玻璃花器大方简洁，很适合放置于客厅内的沙发、壁炉旁、立柜上以及装饰柜中。

书房是阅读的地方，应选择款式典雅的花器，材质不要过于抢眼，分散注意力。

卧室是休息睡眠的地方，应选择让人感觉质地温馨的花器，比如陶质花器就比较合适。

（2）根据花卉搭配选花器

挑选花器也要根据花卉搭配的原则。可从花枝的长短、花朵的大小、花的颜色几方面来考虑。一般来说，花枝较短的花适合与矮小的花器搭配，花枝较长的花适合与细长或高大的花器搭配。花朵较小的花适合与瓶口较小的花器搭配，瓶口较大的花器应选择花朵较大的花或一簇花朵集中的花束。

玻璃花器适合与各种颜色的花搭配，陶瓷花器不适合与颜色较浅的花搭配，金属花器不适合搭配颜色过浅的花，实木花器适合与各种颜色的花搭配。

◎ 矮小的花器适合搭配花枝较短的花　　◎ 细长的花瓶适合搭配花枝较长的花　　◎ 瓶口较小的花器适合搭配花朵较小的花

四、不同空间的花艺与绿植布置

花艺与绿植的布置一方面要考虑场所环境的要求，另一方面要考虑与空间内的其他物品的色调相和谐，体现整体美。

◎ 大型植物在客厅中落地摆放是最合适的选择

◎ 客厅边柜的台面上适宜摆放一些小型植物

1. 客厅花艺与绿植布置

客厅是整个家的脸面，花艺布置主张热烈、美好、向上的情调，花艺搭配要与客厅整体风格协调，除了一些较大的花卉外，还可选用艳丽的花种如红掌、扶郎花等。茶几上摆放盆式兰花为宜，也可用小陶罐等插成趣味式插花，还可在花架或书架上摆一盆蝴蝶兰、大花蕙兰、跳舞兰、香水文心兰等。

客厅植物切勿居中摆放，以稍偏一侧为佳，多摆放在柜顶、沙发边，或角落垂吊，注意尽量丰富空间层次。小型植物可放在台面上，大型植物放在地面上，盆栽植物悬吊。此外，植物的色调质感也应和客厅色调搭配为佳。如果环境色彩浓重，则植物色调应浅淡些，如万年青，叶面绿白相间，非常柔和。如果环境色彩淡雅，植物的选择性相对就要广泛一些，叶色深绿、叶形观大的和小巧玲珑、色调柔和的植物都可兼用。

◎ 客厅花艺的色调要与整体软装相协调

◎ 客厅茶几上的花艺高度以不挡住观看电视为佳

◎ 利用卧室角落布置一些小型绿植带来清新气息

◎ 卧室中适合摆放小型花艺

◎ 床头柜上摆设盆花可以增加空间的活力与生机

2. 卧室花艺与绿植布置

卧室是一个温馨的空间，摆放的花艺应该让人感觉身心愉悦。卧室适宜摆放略显宁静的小型盆花，如文竹等绿叶植物类，也可摆放君子兰、金橘、桂花、满天星、茉莉等。床头柜上可摆放小型插花；高几上、衣柜顶部可摆放下垂型的插花；向阳的窗台上可摆放干花或人造花制作的插花。

老人的卧室应突出简洁、清新、淡雅的特点，要本着方便行动、保护视觉的目标选择观赏价值高的插花进行装饰。

儿童的卧室应突出色彩鲜艳、趣味性强的特点，宜选用色彩艳丽、儿童喜爱的花材插花，但由于少年儿童好动，要注意花艺装饰的安全性，尽量少用或不用壁挂插花，不用有刺的花材。

婚房的卧室插花应突出温馨、和谐的特点，以红玫瑰、蝴蝶兰、卡特兰、茉莉花、百合花、满天星等带香味的的花材为主。红暖基调的新房宜采用白色、金色或绿色的花材；淡雅基调的新房宜采用暖色调的花材。

◎ 餐桌上的花艺不能超过桌子三分之一的面积

◎ 圆形餐桌上适宜摆设圆球形花艺

3. 餐厅花艺与绿植布置

餐厅布置的花艺不能太大，要选择色泽柔和、气味淡雅的品种，同时一定要有清洁感，不影响就餐人的食欲。常用的有玫瑰、兰花、郁金香、茉莉等。餐厅花艺一般装饰在餐桌的中央位置，不要超过桌子 1/3 的面积，高度在 25~30cm。如果空间很高，可采用细高型花器。一般水平形花艺适合长条形餐桌，圆球形花艺用于圆桌。

餐厅摆放植物以立体装饰为主，原则上是所选植物株型要小。如在多层的花架上陈列几个小巧玲珑、碧绿青翠的室内观叶植物，如观赏凤梨、豆瓣绿、龟背竹、百合草、孔雀竹芋、文竹、冷水花等，也可在墙角摆设如黄金葛、马拉巴粟、荷兰铁等观叶植物。

4. 玄关花艺与绿植布置

玄关是居室的入口处，花艺与绿植装饰要展现出主人的品位。花艺建议选用鲜艳、华丽的花材，也可选择人造或干花，在短时间内给人留下深刻印象。

如果在玄关中央的桌子上摆放绿植，应选择中型或中大型的盆栽，不宜太高也不宜太矮，选择形态优美，带花朵的最好；如果把绿植摆在玄关镜子前，可以选择小型或中小型的盆栽，较高的盆栽枝叶、花朵不能太繁茂，以免覆盖镜子。如果在大门两侧对称摆设绿植，最好选用中型或是大型的盆栽，具有较强渲染力，色彩根据整体配色进行选择。

◎ 玄关可选择人造花或干花

◎ 玄关桌上摆设的绿植体现出主人的个性

◎ 红色或黄色的花艺可以给人以热情好客的第一印象

5. 过道、楼梯花艺与绿植布置

公寓房的过道一般比较窄小，而且人来人往，所以摆放绿植时宜选用小型盆花，如袖珍椰子、蕨类植物、花叶芋等。也可根据墙面的颜色选择不同的绿植。假如墙面为白、黄等浅色，应选择带颜色的绿植；如果墙面为深色，可以选择颜色淡雅的绿植。

若楼梯较宽，每隔一段阶梯上可以放置一些小型观叶植物或四季小型花卉，扶手位置可摆放绿萝或蕨类植物；如果平台较宽阔，可放置橡皮树、发财树等。

◎ 利用楼梯旁的阶梯状隔断布置绿植

◎ 色彩鲜艳的花艺让过道成为一道风景线

6. 书房花艺与绿植布置

空间较小的书房可选择矮小、终年常绿青翠的小型松柏类绿植，如文竹、五针松等，摆放的数量不宜太多。书架上可放置玲珑小巧、色彩鲜艳且肉质多浆类植物组成迷你盆景，丰富书房色彩的同时还可降低电脑辐射。

书桌上可放置一些精致的小型观叶植物，像镜面草、网纹草、兰花等。如果书房有足够大的空间，可摆放一个专用博古架，将书籍、饰品和盆栽植物、山水盆景等陈列于上，营造出一个雅致和艺术的读书环境。在优雅宁静的氛围中，选择植物不宜过多，以观叶植物或颜色淡雅的盆景花卉为宜。当然，也可摆放一瓶插花，但颜色也不宜过于鲜艳，以简洁的东方式艺术插花为宜。若空间允许，条案上摆放一盆树桩盆景，可增加文化底蕴。

对于新装修的书房，一般都会残存装修污染，像甲醛、二甲苯等挥发性有毒气体。可首选一些具有抗污染、吸附毒气、净化空气功能的植物。如：虎尾兰、仙人掌、常春藤、南天竹、兰草、鹅掌柴、龟背竹等。

◎ 书房中的花艺兼具美化环境与净化空气的双重功能

◎ 书桌与书柜上都是摆放小型绿植的好位置

◎ 清新雅致的花艺为深色调的美式风格书房增添勃勃生机

7. 厨房花艺与绿植布置

　　厨房的空间虽然都不是很大，但是还是需要点缀一些翠绿的植物，而且厨房的条件一般也比较适合植物的生长，因为这里气温比较高，也比较潮湿。

　　厨房可以在台面、窗台、搁板等位置摆放一些绿植，最好以小型的盆栽为主，如吊兰、绿萝、仙人球、芦荟等，也可以充分利用墙面空间悬挂在挂钩上，给厨房带去一抹清新，值得注意的是，厨房不宜选用花粉太多的花，以免开花时花粉散入到食物中。

　　厨房摆放的绿植要远离灶台、抽油烟机等位置，以免温度过高影响植物的生长，同时还要注意及时通风，给绿植一个空气质量良好的空间。

◎ 厨房操作台上的花艺与整体色调相搭配

8. 卫浴间花艺与绿植布置

　　如果卫浴间的面积足够大，就一定不能缺少大型绿植的点缀。由于体积较大，应摆放在不妨碍人活动的角落，如墙角。洗手台边最适宜，更容易引起注意，能够轻易烘托出卫浴间的气氛。如果卫浴间的空间有限，想达到理想的装饰效果，不必选择太多的种类和数量，但最好做到大、中、小型适当搭配，形成高低错落之势。

　　花艺的色彩、形态和风格都应与卫浴间装饰的色调相协调。卫浴间的面盆下方通常会有一片空地，如果用绿植进行点缀，选择上一定要少而精，高度以不超过面盆为宜。另外，小巧玲珑的小型花艺或绿植适合摆放在洗手台面上，但不宜过高，不然会碰到人脸造成不适。

◎ 厨房的吧台是摆放花艺的理想位置

◎ 利用盥洗台旁的壁龛摆设花艺

◎ 洗脸盆旁的台面上适宜摆设小型花艺

第五节 装饰画与照片墙布置

装饰画是软装设计中常用的配饰，具有很强的装饰作用，在家居空间中的适当位置悬挂装饰画既可以美化环境，又可以给家中带来艺术气息；照片墙的布置缘于居住者对于家庭生活的热爱，而对于装饰风格来说，照片墙则更多地迎合了当前复古和简约潮流的盛行

★ 特约软装专家顾问　周 晓安

苏州周晓安室内设计事务所设计总监，有近十年室内设计工作经验，作品入选《装潢世界》《家居世界》等多本专业室内设计知名刊物，主持过多个别墅与房地产样板间的软装设计，并受邀担任家饰杂志期刊讲解嘉宾。

一、装饰画的选择

在居室内挂几幅漂亮的装饰画，既能起到画龙点睛的装饰效果，又能营造温馨的生活气氛。配合装修风格、体现个人情趣是选择装饰画的重要原则。

1. 根据装饰风格选画

家居装饰画应根据装饰风格而定，欧式风格建议搭配西方古典油画作品；田园风格则可搭配花卉题材的装饰画；中式风格适合选择中国风强烈的装饰画，如水墨、工笔等风格的画作；现代简约的装饰风格较适合年轻一代的业主，装饰画选择范围比较灵活，抽象画、概念画以及未来题材、科技题材的装饰画等都可以尝试一下；后现代风格特别适合搭配一些具有现代抽象题材的装饰画。

居室内最好选择同种风格的装饰画，也可以偶尔使用一两幅风格截然不同的装饰画作点缀，但不可令人眼花缭乱。另外，如果装饰画特别显眼，同时风格十分明显，具有强烈的视觉冲击力，最好按其风格来搭配家具、布艺等配饰。

◎ 现代简约风格装饰画

◎ 欧式风格装饰画

◎ 中式风格装饰画

2. 根据墙面面积选画

在选择装饰画的时候，首先要考虑的是所悬挂墙面位置的空间大小。如果墙面留有足够的空间，自然可以挂置一幅面积较大的装饰画。可当空间比较局促的时候，就应当考虑悬挂面积较小的装饰画。这样不会留下压迫感，同时墙面适当留白更能突出整体的美感。此外，还要注意装饰画的整体形状和墙面搭配，一般来说，狭长的墙面适合挂放狭长、多幅组合或者小幅的画，方形的墙面适合挂放横幅、方形或是小幅画。

◎ 空间足够大的墙面适合悬挂大幅装饰画

◎ 狭长形的墙上适合挂多幅长条形的装饰画组合

3. 根据墙面材料选画

如果墙面刷漆，色调平淡的墙面宜选择油画，而深色或者色调明亮的墙面可选用相片来替代；如果墙面贴墙纸，中式墙纸可以选择国画，欧式风格墙纸可以选择油画；如果墙面大面积采用了特殊材料，可以根据材料的特性来选画：例如木质材料宜选花梨木、樱桃木等带有木制画框的装饰画，金属材料就要选择有银色金属画框的抽象或者印象派油画。

4. 根据整体色调选画

装饰画的作用是调节居室气氛，主要受到房间的主体色调和季节因素的影响。

从房间色调来看，一般可以大致分为白色、暖色调和冷色调。白色为主的房间选择装饰画没有太多的忌讳；但是暖色调和冷色调为主的居室就需要选择相反色调的装饰画：例如房间是暖色调的黄色，那么装饰画最好选择蓝、绿等冷色系的，反之亦然。

从季节因素来看，装饰画是家中最方便进行温度调节的饰品，冬季适合暖色，夏季适合冷色，春季适合绿色，秋季适合黄橙色，当然这种变化的前提就是房间是白色或者接近白色的浅色系。

◎ 暖色调的房间适合选择冷色调的装饰画

◎ 白色为主的房间可以任意选择装饰画

5. 画框颜色与材质的选择

挑选装饰画不能只关注画面内容的表现，而忽略了画框的颜色与材质。画框是装饰画与墙面的分割地带，合适的画框能让欣赏者的目光恰好落入画框设定好的范围内，不受周围环境影响。

一般来说，木质画框适合水墨国画，造型复杂的画框适用于厚重的油画，现代画选择直线条的简单画框。如果画面与墙面本身对比度很大，也可以考虑不使用画框。

在颜色的选择上，如果想要营造沉静典雅的氛围，画框与画面使用同类色；如果要产生跳跃的强烈对比，则使用互补色。

◎ 厚重质感的雕花画框

◎ 无框画适用于现代简约风格的房间

◎ 直线条的画框

二、装饰画的布置

正确地布置家居装饰画，能够让自己所装饰的空间焕然一新，但如果装饰画布置不当就会使空间显得杂乱，失去艺术效果，起不到理想的装饰作用。

1. 单幅装饰画的布置

（1）单幅悬挂

单幅装饰画使用悬挂的方式比较常见，例如在客厅、玄关等墙面挂上一幅装饰画，把整个墙面作为背景，让装饰画成为视觉的中心。除非是一幅遮盖住整个墙面的装饰画，否则就要确保画面大小与墙面大小的比例要适当，左右上下一定要适当留白，宁多勿少，挂画的高度以让人观赏时感觉舒适为佳。

（2）单幅摆放

相对于悬挂，摆放就是不用挂钩，直接将装饰画放置在如地面、书架或矮柜上，并依靠在墙面。由于是摆放在一个固定的平面上，在高度上的选择仍然要考虑视平线的高度，避免将装饰画整个置于视平线之下，尤其是摆放在地面上的装饰画。装饰画依靠墙面的角度应该以尽量靠近墙面、不前倾为原则。

◎ 摆放单幅装饰画

◎ 悬挂单幅装饰画

2. 多幅装饰画的布置

（1）多幅悬挂

使用多幅装饰画搭配时要考虑整体的画面效果。不论是水平展开悬挂还是垂直展开悬挂，高度以及画面大小与墙面大小的比例要如同单幅装饰画一样，唯一不同的是多幅画之间要留出适当的呼吸空间。如果是悬挂大小不一的多幅装饰画的话，既可以以视平线为中心分割画面，也可以齐高或齐底。

（2）多幅摆放

摆放多幅装饰画都是水平展开、齐底、齐高或不齐高的形式为多，但不像悬挂多幅装饰画有比较多的变化，如数量、大小、高低等。多幅装饰画摆放时的数量不宜太多、大小尺寸不宜相差太大，否则会失去视觉焦点，变得凌乱分散。

◎ 摆放多幅装饰画

◎ 悬挂多幅装饰画

3. 装饰画的悬挂高度

装饰画悬挂的高低直接影响到欣赏时的舒适度，也会影响装饰画在整个空间内的表现力。因此悬挂装饰画时有几个标准可以作为参考：

一是以观者的身高为标准，画面的中心在观赏者视线水平位置往上15cm左右的位置，这是最舒适的观赏高度。

二是以墙面为参考，一般居室的层高在2.6~2.8m，根据装饰画的大小，画面中心位置距地面1.5m左右较为合适。如果装饰画周围还有其他摆件作为装饰，要求摆件高度和面积不超过画品的1/3，并且不能遮挡画面的主要内容。

当然，装饰画的悬挂更多是一种主观感受，只要能与环境协调，不必完全拘泥于数字标准。

◎ 画面中心在观赏者视线水平往上15cm左右的位置是较佳挂画高度

4. 常见的家居挂画技巧

挂画方式	示意图片	挂法介绍
对称式挂法		一般多为 2~4 幅装饰画以横向或纵向的形式均匀对称分布，形成一种稳重、简洁的效果，画框的尺寸、样式、色彩通常是统一的，画面内容最好选设计好的固定套系，如想自己单选画芯配在一起，那一定要放在一起比对是否协调
均衡式挂法		多幅装饰画的总宽比被装饰物略窄，并且均衡分布，画面建议选择同一色调或是同一系列的内容
重复挂法		在重复悬挂同一尺寸的装饰画时，画间距最好不超过画的 1/5，这样能具有整体的装饰性。多幅画重复悬挂能制造强大的视觉冲击力，不适合房高不足的房间
水平线挂法	 上水平线对齐　　下水平线对齐	下水平线齐平的做法随意感较强，装饰画最好表达同一主题，并采用统一样式和颜色的画框，整体装饰效果更好；上水平线齐平的做法既有灵动的装饰感，又不显得凌乱，如果装饰画的颜色反差较大，最好采用统一样式和颜色的画框进行协调
中线挂法		让上下两排装饰画集中在一条水平线上，灵动感很强，选择尺寸时，要注意整体墙面的左右平衡
混搭式挂法		将装饰画与饰品混搭构成一个方框，随意又不失整体感，这样的组合适用于墙面和周边比较简洁的环境，否则会显得杂乱，这种设计手法尤其适合于乡村风格的家
建筑结构线挂法		沿着屋顶、墙壁、柜子，在空白处布满装饰画；也可以沿着楼梯的走向布置装饰画。这种装饰手法在早期欧洲盛行一时，适合层高较高的房子
放射式挂法		选择一张最喜欢的画为中心，再布置一些小画框围绕作发散状。如果画面的色调一致，可在画框颜色的选择上有所变化
搁板衬托法		用搁板展示装饰画省去了计算位置、钉钉子的麻烦，可以在层板的数量和排列上做变化。注意层板的承重有限，更适宜展示多幅轻盈的小画。客厅的层板上最好要有沟槽或者遮挡条，以免画框滑落伤到人

三、不同空间的装饰画布置

每个家居功能空间布置装饰画的方式各不相同，需要掌握一定的技巧。

1. 玄关装饰画布置

玄关作为进门的第一视野，空间不大，所以不宜选择太大的装饰画，以精致小巧、画面简约的无框画为宜。可选择格调高雅的抽象画或静物、插花等题材的装饰画，来展现主人优雅高贵的气质。此外，也可以选择一些吉祥意境的装饰画，如百鸟朝凤画、山水画、吉祥九尾鱼等。挂画的高度以平视视点在画的中心或底边向上 1/3 处为宜。

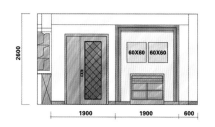

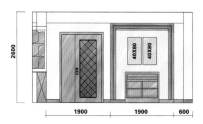

◎ 玄关装饰画

2. 客厅装饰画布置

客厅装饰画在色彩把握上要与整个空间的色调一致，多以明快清丽的色调为主，使人感觉舒服，太深太刺眼的色调，短时间内可能觉得绚丽养眼，但长时间的话容易让人心情沉重，情绪紧张。

由于沙发通常是客厅内的主角，在选择客厅装饰画时常以沙发为中心。中性色和浅色沙发适合搭配暖色调的装饰画，红色等颜色比较鲜亮的沙发适合配以中性基调或相同相近色系的装饰画。

客厅装饰画可以根据空间大小来定，大客厅可以选择尺寸大的装饰画，从而营造一种宽阔、开放的视野环境；小客厅可以选择多挂几幅尺寸小的装饰画作为点缀。

装饰客厅沙发墙面时，如果挂单行的一组画，在视觉上会比较协调，而且空间也会显大。同时，装饰画的宽度最好略窄于沙发，可以避免头重脚轻的感觉。客厅挂画一般有两组合（60cm×90cm×2）、三组合（60cm×60cm×3）、单幅（90cm×180cm）等形式，具体视客厅的大小比例而定。

◎ 客厅装饰画的宽度最好略窄于沙发

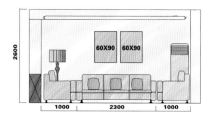

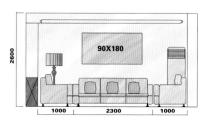

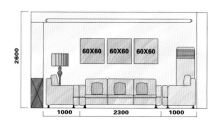

◎ 客厅装饰画要与沙发的色调相呼应

3. 餐厅装饰画布置

餐厅是一家人吃饭的空间,装饰画的色调应柔和清新,画面干净整洁,无论是质感硬朗的实木餐桌还是现代通透的玻璃餐桌,只要风格、色彩搭配得当,装饰画就能与餐桌营造出相得益彰的感觉,给人带来愉悦的进餐心情。

餐厅一般可搭配一些人物、花卉、果蔬、插花、静物、自然风光等题材的挂画,吧台区还可挂洋酒、高脚杯、咖啡等现代图案的油画。如果餐厅与客厅一体相通,装饰画最好能与客厅配画相协调。

餐厅装饰画的尺寸一般不宜太大,以60cm×60cm、60cm×90cm为宜,采用双数组合符合视觉审美规律。挂画时建议画的顶边高度在空间顶角线下60~80cm,并居餐桌中线为宜。

4. 卧室装饰画布置

卧室是主人的私密空间,装饰上追求温馨浪漫和优雅舒适。除了婚纱照或艺术照以外,人体油画、花卉画和抽象画也是不错的选择。另外,卧室装饰画的选择因床的样式不同而有所不同。线条简洁、木纹表面的板式床适合搭配带立体感和现代质感边框的装饰画。柔和厚重的软床则需选配边框较细、质感冷硬的装饰画,通过视觉反差来突出装饰效果。

卧室装饰画的尺寸一般以50cm×50cm、60cm×60cm两组合或三组合,单幅40cm×120cm或50cm×150cm为宜。在悬挂时,装饰画底边离床头靠背上方15~30cm处或顶边离顶部30~40cm最佳。

5. 儿童房装饰画布置

儿童房的空间一般都比较小,所以选择小幅的装饰画作点缀比较好,太大的装饰画就会破坏童真的趣味。装饰画的题材以卡通、植物、动物为主,能够给孩子们带来艺术的启蒙及感性的培养。装饰画的彩色应尽量明快、活泼一些,营造出轻松欢快的氛围。注意在儿童房中最好不要选择抽象类的后现代装饰画。

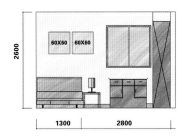

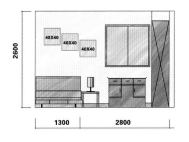

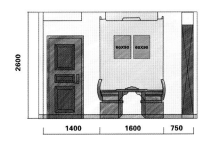

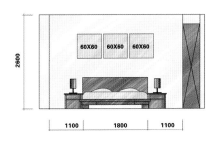

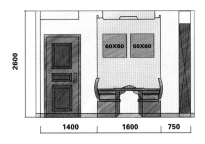

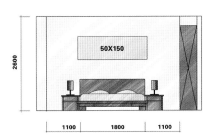

◎ 餐厅装饰画

◎ 卧室装饰画

◎ 儿童房装饰画的题材以卡通图案为主

6. 书房装饰画布置

书房要营造轻松工作、愉快阅读的氛围，选用的装饰画应以清雅宁静为主，色彩不要太过鲜艳跳跃。

中式的书房可以选择字画、山水画作为装饰，欧式、地中海、现代简约等装修风格的书房则可以选择一些风景或几何图形的内容。

书房里的装饰画数量一般在 2~3 幅，尺寸不要太大，悬挂的位置在书桌上方和书柜旁边空墙上。

◎ 中式风格书房挂画

◎ 简约风格书房挂画

7. 过道或楼梯装饰画布置

走廊和楼梯空间一般比较窄长，也是最适合挂画的地方，三到四幅一组的组合画或同类题材装饰画最合适不过。可高低错落，也可顺势悬挂。复式住宅或别墅的楼梯拐角宜选用较大幅面的人物、花卉题材画作。

◎ 别墅的楼梯拐角宜挂大幅装饰画

◎ 楼梯空间挂画

8. 厨房装饰画布置

厨房给人的印象就是油烟和锅碗瓢盆，很容易产生枯燥沉闷的感觉，所以在操作台的对面摆上一组色彩明快、风格活泼的装饰画，会使原本枯燥的烹饪过程变得颇富情趣。

厨房装饰画应选择贴近生活为题材的画作，例如小幅的食物油画、餐具抽象画、花卉图等，描绘的情态最好是比较温和沉静，色彩清丽雅致。也可以选择一些具有饮食文化主题的装饰画，会让人感觉生活充满滋味。但厨房一般不选择风景画，也忌选人物画和动物画。

厨房装饰画一般应采用容易擦洗、不易受潮、不易沾染油烟的玻璃、陶瓷等材质。

如果厨房空间比较充裕，可以选择尺寸较大的装饰画，一般挂置 1~2 幅即可，如果厨房空间比较紧凑，则应该选择尺寸较小的装饰画，可以多幅组合进行布置。

厨房装饰画应该与整体装修风格相协调，例如简约风格或现代风格的厨房设计可以搭配个性抽象画，而田园风格的厨房设计则比较适合搭配淡雅清新的花卉图。

◎ 厨房空间的挂画融合于整体色调之中

◎ 色彩活泼的装饰画打破厨房空间枯燥沉闷的感觉

9. 卫浴间装饰画布置

卫生间的面积虽不大，但是一两幅装饰画能柔和满贴瓷砖的冰冷感。考虑到潮湿空气的影响，卫浴间的装饰画可选择油画或瓷版画，画面内容以清新、休闲、时尚为主，也可以选择诙谐幽默的题材，体现家居主人热爱生活，懂得生活小情趣的一面；色彩应尽量与卫浴间瓷砖的色彩相协调；画框可以选择铝材、钢材等材质，以起到防水作用；装饰画的面积不宜太大，数量也不要挂太多，点缀即可。

◎ 卫浴间挂画

四、照片墙布置

照片墙是装饰墙面的软装手法之一，成本小操作快，但效果却往往有云泥之别，除了照片本身的风格差异以外，更重要的是照片排列布局。

1. 照片墙的风格

在打造照片墙之前，首先应根据不同的家居风格，选择相应的相框、照片以及合适的组合方式。

在传统的中式空间里，直接出现照片墙会显得比较突兀，必须要将照片墙隐藏在中式的线条之中，并且量身打造相应的照片题材。例如采用仿博古架或者窗棂式的相框，搭配瓷画或者京剧脸谱之类的照片题材。

如果是欧式风格，可以选择相对奢华的香槟金色相框，并选择尽量规整的排列组合形式，以免破坏华丽古典的整体氛围。

如果是美式乡村风格，做旧的木质相框或者铁艺相框无疑更能营造轻松闲适的格调。

如果是田园风或者小清新格调，可以选择原木色或者白色的相框。

如果是比较时尚前卫的现代风格，色彩上应该更加大胆，组合上也应该更加个性化。

◎ 美式风格照片墙

◎ 欧式古典风格照片墙

◎ 简约风格照片墙

2. 照片墙的尺寸布置

布置照片墙先应该量好墙面的尺寸，再确定用哪些尺寸的相框进行组合。一般情况下，照片墙最多只能占据三分之二的墙面空间，否则会给人造成压抑的感觉。

如果是平面组合，相框之间的间距以5cm最佳，太远会破坏整体感，太近会显得拥挤。如果是宽度2m左右的墙面，通常比较适合6~8框的组合样式，太多会显得拥挤，太少难以形成焦点。如果墙面宽度在3m左右，那么建议考虑8~12框的组合。

在相框的形状和尺寸上，小的有7寸、9寸、10寸，大的有15寸、18寸和20寸等。布置时可以采用大小组合，在墙面上形成一些变化。另外，还可根据照片的重要性和对它们的喜爱程度，进行尺寸的强调或者弱化。如果是有纪念意义的照片，可以选择大的尺寸；一些随手拍回来的风景或者特写，则可以用小一些的尺寸。

◎ 彩色照片墙的色彩应协调统一

◎ 照片墙的尺寸应控制在三分之二的墙面面积以内

3. 照片墙的相框材料

照片墙质量的好坏在于相框的材质，相框主要有木质、铁艺、塑料、树脂等材质。其中木质相框简单大方，非常百搭，而且材质环保。不过应尽量选择纯实木质地的相框，因为非实木的木质相框容易碎，而且质感差，观感也不好。

此外，还要注意相框是否采用了水性环保漆、是否含有甲醛等有害物质、是否符合相关环保标准等。

相框的玻璃建议选择透明PVC玻璃，因为常用的石英玻璃容易碎。透明PVC玻璃是高分子塑料制成的，双面保护膜能更好地保护照片。

◎ 实木材质的相框是照片墙的首选

4. 照片墙的色彩搭配

照片墙的色彩搭配原则主要有协调与对比两个方面。

相框的常见色彩有白色、黑色、胡桃木色、樱桃红色和黄色等。布置时首先应该参照周围的环境来选择合适的相框。如果整个空间简洁素雅，可以考虑用对比的手法，选择色彩相对亮丽的相框进行组合搭配，轻松打造亮点；如果是比较雅致的英伦风，可以用协调的手法，选择黑色相框与胡桃色相框进行组合；如果是比较唯美的小清新，那么原木色和白色的搭配是最合适的选择；如果喜欢前卫的现代风格，可以考虑将黑色、白色、樱桃红色和胡桃木色等相框进行混搭。

此外，照片墙的色彩搭配还要考虑相片本身的色彩。黑色和白色作为经典色，既可复古，也可现代。因此，如果担心太多彩色照片拼凑在一起会让墙面显得凌乱不堪，那么最简单的解决方案就是选择黑白照片，或者用黑白照片搭配少数几张彩色照片，来降低把控色彩的难度。此外，相比人物主题的照片，一些建筑风景、植物、昆虫和小鸟的照片，更能实现风格和色彩上的统一。

◎ 黑白照片墙很具复古怀旧气息

5. 照片墙的组合方式

在遵循适当留白的基本原则之下，照片墙的组合完全可以根据自身的喜好充分发挥创意。可以是长方形、正方形、心形和花瓣形，也可以是菱形、近菱形和不规则形。除了平面组合，甚至可以考虑往 3D 的方向发展，将有的相框平铺，有的相框立起来，以营造个性别致的装饰效果。

不过，照片墙的组合方式还需要与家居风格相协调。如果是现代风格的家居空间，组合上可以尽量打破常规；如果是风格比较古典的空间，组合上就不宜太过跳跃。

◎ 三角形照片墙

◎ 长方形照片墙

6. 不同家居空间的照片墙布置

照片墙在现代家居空间中适用的场所很多，沙发背景墙或餐厅、书房、卧室、过道等空间的墙面上都可以使用。而可以记录孩子成长轨迹的照片墙，更是非常值得推荐的儿童房装饰方案。

在沙发后布置照片墙，应尽量选择形状规则的相框，悬挂时要注意留白的比例。对于空间较小的客厅来说，照片可以淡化墙面的封堵性，因此可以让照片占据大部分墙面；而面积较大的客厅，如果把墙壁挂满照片，难免给人过于繁杂的感觉，因此可以保持大面积留白，用摆出具体造型的照片墙作为点缀。

过道空间相对狭小，不宜采用过多的装饰，可随意选取几张生活照挂在墙上，或高或低，或随着楼梯的高度而上升，再加上暖色的灯光，让此处成为最充满回忆的地方；另外，在楼梯旁的墙上由低到高挂上不同年龄的相片，也是一个不错的选择。

卧室是私密空间，可以在床头墙上布置一些日常的生活照片；在夫妻的卧室中，一个很浪漫而又实在的选择就是将两人的甜蜜照或婚纱照拼成浪漫的心形。

餐厅和书房的照片墙，主题上应该注意与空间气氛相协调。

◎ 沙发背后布置照片墙

◎ 餐厅布置照片墙

◎ 卧室布置照片墙

◎ 过道上布置照片墙

◎ 书房布置照片墙

第六节 工艺饰品布置

家居工艺饰品在每一个家庭中都是必不可少的元素，体积虽小，但能起到画龙点睛的作用。室内家居有了工艺饰品的点缀，才能呈现更完整的风格和效果

⊛ 特约软装专家顾问　**李 文彬**

武汉 80 后新锐设计师代表人物，武汉十大设计师，桃弥室内设计工作室创始人。作品多次刊登《时尚家居》《瑞丽家居》等主流家居杂志，央视"交换空间"常驻推荐设计师。以个性、人性化定制设计著称。

一、家居工艺饰品的作用

1. 渲染氛围

选择合适的家居工艺饰品可以烘托一种氛围，例如在家居中放置一些陶瓷类的装饰品，会带来幽静古典的感觉。

◎ 利用家居饰品烘托氛围也是软装设计的一种重要手段

3. 调节色彩

如果家居色调单一，或者根据季节的变换想更换一下主色调，那么就可以多添一些应景的家居工艺饰品，使空间更具生机和活力。

2. 丰富空间

因为家居工艺饰品有简约、现代、古典、中式、欧式等不同的风格，并且造型和色彩都不一样，因此会让家居更具层次感和空间感。

◎ 一两件色彩出挑的饰品足以改变白色空间的单调感

◎ 亮色饰品

二、家居工艺饰品分类

家居工艺饰品的布置是软装设计的最后一关，具体包括客厅、餐厅、卧室、书房、厨卫等空间的陈列装饰品，从装饰形式上来看，家居工艺饰品分为装饰挂件挂件和装饰摆件两大类。

（一）装饰挂件

装饰挂件是指利用实物及相关材料进行艺术加工和组合，与墙面融为一体的饰物。镜子、挂盘、壁毯、壁画等都属于其中的一种。

◎ 装饰挂件

1. 镜子

在家居装饰中，不少户型都有面积窄小、进深过长、开间过宽等缺陷，运用镜子做装饰既能够起到掩饰缺点的作用，又能够达到营造居室氛围的目的。

◎ 镜子最直接的作用是扩大房间的通透感

（1）镜子造型

镜子造型	镜子名称	镜子介绍
圆形镜子		有正圆形与椭圆形两种，华丽典雅，风格复古，适合古典与奢华类家居风格，常单片使用，配合有雕塑感的镜框效果更佳
方形镜子		有正方形与长方形两种，线条平直，风格简洁，适合现代简约家居风格，通常可一次选购两片或四片为一组，铺设成"一字形"或"田字形"效果更佳
曲线镜子		边缘线条呈曲线状，造型活泼，风格独特，适合年轻活泼的家居风格，多片镜子组合成造型使用效果更佳。不过要注意曲线镜子对造型要求很高，最好到正规建材城购买，以保证产品质量和服务

（2）镜子使用法则

与外部环境的关系

如果使用镜子装饰墙面，首先应该考虑镜子的安装部位。有条件的话建议最好将镜子安装在与窗子呈平行位置的墙面上，这样做最大的好处是可以将窗外的风景带到室内，从而大大加强居室的舒适感和自然感。

反射物的内容

如果无法将镜子安装在与窗平行的位置，那么就要注意镜面的反射物的颜色、形状与种类。一般镜面的反射物越简单越好，否则很容易使室内显得杂乱无章。可以在镜子的对面悬挂一幅画或干脆用白墙加大房间的景深。

避免眩光

阳光照在镜面上会对室内造成严重的光污染，不但起不到装饰效果，还会对家人的身体健康产生严重的影响。所以在为镜子选择墙面时，一定要注意该墙面是否会被阳光直射，如果有的话应该坚决放弃。

（3）不同空间的镜子装饰

玄关镜子装饰

　　直接对门的玄关不适合挂大面镜子，可以设置在门的旁边；如果玄关在门的侧面，最好一部分放镜子，和玄关成为一个整体；但如果是带有曲线的设计，也可以全用镜子来装饰。

◎ 玄关镜子装饰

过道镜子装饰

　　在过道一侧的墙上安装镜子既显得美观，又让人感觉宽敞、明亮。过道中的镜子宜选择大块面的造型，横竖均可，小镜子起不到扩大空间的效果。

◎ 过道镜子装饰

客厅镜子装饰

　　镜子可以给小客厅空间带来意想不到的效果，例如在沙发墙上安装大面镜子，这样便可以映射出整个客厅的景象，空间仿佛扩大了一倍。但要注意镜子在客厅中不能滥用，否则效果适得其反，例如客厅的两侧就不能同时安装镜面，否则会令人产生目眩的感觉。

◎ 客厅镜子装饰

餐厅镜子装饰

在餐厅中挂镜子不仅有丰衣足食的美好寓意，还可以增加空间感，一般常用在新古典、欧式以及现代风格的餐厅。如果有餐边柜，可以把镜子悬挂在餐边柜的上方。

◎ 餐厅镜子装饰

卧室镜子装饰

公寓房的卧室空间一般会比较局促，如果运用一些镜子装饰会使空间感得到大大增强。卧室中的镜子可以挂在墙上、衣柜上或者衣柜门上，整理衣服更为方便。但是要注意卧室的床头墙上尽量不要采用整面的大镜子，以免晚上起夜的时候被吓到，这样从传统角度来说也是比较忌讳的。

◎ 卧室镜子装饰

卫浴间镜子装饰

镜子是卫浴间中必不可少的装饰，美化环境的同时方便整理仪容，通常的做法是将镜子悬挂在盥洗台的上方。卫浴间空间一般比较小，在考虑美观的同时，其他辅助功能也要考虑在内，例如带点收纳功能的镜子能弥补浴室空间的不足，小镜子大利用。

◎ 卫浴间镜子装饰

（1）选择同一主题

　　无论什么材质，挂盘的图案一定要选择统一的主题，最好是成套系使用。装点墙面的盘子，一般不会单只出现，普通的规格起码要三只以上，多只盘子作为一个整体出现，这样才有画面感，但要避免不能杂乱无章。主题统一且图案突出的多只盘子巧妙地组合在一起，才能起到替代装饰画的效果。

（2）配合整体风格

　　挂盘需要配合整体的家居风格，这样才能发挥锦上添花的作用。中式风格可以搭配青花瓷盘；美式风格可搭配花鸟图案的瓷盘进行点缀；田园风格还可以搭配一些造型瓷盘，比如蝴蝶、鸟类等；而一个明亮的北欧风格空间，白底蓝色图案的盘子显得既清爽又灵动。

◎ 现代风格的抽象图案挂盘

2. 挂盘

　　以盘子作为墙面装饰，不局限于任何家居风格，各种颜色、图案和大小的盘子能够组合出不同的效果，或高贵典雅，或俏皮可爱。

◎ 挂盘装饰墙面

◎ 中式风格青花图案的挂盘

◎ 田园风格花卉图案的挂盘

（二）装饰摆件

装饰摆件就是平常用来布置家居的装饰摆设品，按照不同的材质分为木质装饰摆件、陶瓷装饰摆件、金属装饰摆件、玻璃装饰摆件、树脂装饰摆件等。

木质装饰摆件

木质装饰摆件是以木材为原材料加工而成的工艺饰品，给人一种原始而自然的感觉。

陶瓷装饰摆件

家居陶瓷摆件大多制作精美，即使是近现代的陶瓷工艺品也具有极高的艺术收藏价值。但陶瓷属于易碎品，平时家居生活中要小心保养。

◎ 陶瓷装饰摆件

金属装饰摆件

用金、银、铜、铁锡、铝、合金等材料或以金属为主要材料加工而成的工艺品统称为金属工艺饰品，具有结构坚固、不易变形、比较耐磨的特点。金属工艺饰品风格和造型可以随意定制，以流畅的线条、完美的质感为主要特征，几乎适用于任何装修风格的家庭。

◎ 金属装饰摆件

玻璃装饰摆件

玻璃装饰摆件的特点是玲珑剔透、晶莹透明、造型多姿。还具有色彩鲜艳的气质特色，适用于室内的各种陈列。如果把精致的玻璃装饰摆件放在玻璃格架上，顶部的射灯光线通过玻璃的透射进入柜体内，会显得更加透明晶莹、华丽夺目，大大增强室内感染力。

◎ 玻璃装饰摆件

树脂装饰摆件

树脂可塑性好，可以被塑造成动物、人物、卡通等任意形象，以及反映宗教、风景、节日等主题花园流水造型、喷泉造型等工艺品，树脂几乎没有不能制作的造型，而且在价格上非常具有竞争优势。

◎ 树脂装饰摆件

3. 壁毯

壁毯又叫作挂毯，是一种挂在墙面或者廊柱上类似地毯的工艺饰品。壁毯的题材非常广泛，如山水、花卉、鸟兽、人物以及建筑风光等。同时壁毯还可以表现出国画、油画、装饰画和摄影等艺术形式，所以具有非常独特的欣赏价值。

在悬挂壁毯时要根据不同的空间进色彩搭配。例如现代风格的空间，整体以白色为主，壁毯应选择以鲜亮、活泼的颜色为主。色彩浓重的壁毯比较适合过道的尽头或者大面积空置的墙面，可以很好地吸引人的视线，起到意想不到的装饰效果。

◎ 壁毯

三、家居工艺饰品选择

在选择工艺饰品之前，首先要了解分类。总的来说家居工艺饰品可以分为两大类：第一类是纯装饰，并没有什么实用性，但是装饰效果非常强，并且有的艺术价值也很高，如精美的古代瓷器、书画作品、雕刻等；第二类是在装饰的同时，还具有一定的实用性，如酒具、茶具、花瓶或者艺术灯具等。

1. 选择工艺饰品风格

布置工艺居饰品要结合整体风格，例如在简约风格的家居中，具有设计感的工艺饰品就很适合整个空间的个性；如果是乡村风格家居，就以带有乡村自然风情的家居饰品为主；中式风格家居适宜选择传统字画、仿古彩陶、青铜器具等；时尚摩登的风格可以选择色彩以及造型较个性化、具有时尚气息的饰品。

◎ 充满中式韵味的工艺饰品

2. 选择工艺饰品规格

一般来说，选择工艺饰品的大小和高度和空间成正比，工艺饰品规格越大，所需空间越大。工艺饰品与室内空间的比例要恰当，工艺饰品太大，会使空间显得拥挤，但过小，又会让空间显得空旷，而且小气。

3. 选择工艺饰品造型

家具造型是确定工艺饰品造型的依据。常规搭配有方配方、圆配圆，但如果采用对比的方式效果会更独特，比如圆配方、横配竖、形状复杂配形状简洁等。

◎ 方形与圆形搭配组合的工艺饰品

4. 选择工艺饰品色彩

摆放位置周围的色彩是确定工艺饰品色彩的依据，常用的方法有两种：一种配和谐色，即选择与摆放位置较为接近的颜色，如红色配粉色，白色配灰色。黄色配橙色等；另一种配对比色，即选择与摆放位置对比较强烈的颜色，比如黑色配白色，蓝色配黄色,白色配绿色等。

通常对比色容易让气氛显得活跃，色彩协调则有利于表现优雅。

◎ 色彩搭配和谐的工艺饰品

◎ 色彩对比强烈的工艺饰品

四、家居工艺饰品布置原则

　　工艺饰品的合理布置给人带来的不仅仅是感官上的愉悦，更能健怡身心，丰富居家情调。热爱生活的人要会摆放家具，更要懂得摆放让人赏心悦目的工艺饰品，让家人每天都有好心情。

1. 对称平衡摆设

　　把一些家居饰品对称平衡地摆设组合在一起，让它们成为视觉焦点的重要一部分。例如可以把两个样式相同或者差不多的工艺饰品并列摆放，不但可以制造和谐的韵律感，还能给人安静温馨的感觉。

◎ 饰品对称平衡摆设

2. 注意层次分明

　　摆放家居工艺饰品时要遵循前小后大、层次分明的法则，把小件的饰品放在前排，这样一眼看去能突出每个饰品的特色，在视觉上就会感觉很舒服。

3. 尝试多个角度

　　摆设家居工艺饰品不要期望一次性就成功，可以尝试着多调整角度，这样或许就可以找到最满意的摆放位置。有时将饰品摆放得斜一点，会比正着摆放效果要好。

◎ 尝试多个角度摆设家居饰品

4. 同类风格摆放

　　摆放时最好先将家居工艺饰品按照不同的风格分类，然后取出同一类风格的进行摆放。在同一件家具上，最好不要摆设超过三种工艺饰品。如果家具是成套的，那么最好采用相同风格的工艺饰品，色彩相似效果更佳。

◎ 同类风格饰品摆设

5. 利用灯光效果

　　摆放家居工艺饰品时要考虑到灯光的效果。不同的灯光和不同的照射方向，都会让工艺饰品显示出不同的美感。一般暖色的灯光会有柔美温馨的感觉，贝壳或者树脂等工艺饰品就比较适合；如果是水晶或者玻璃的工艺饰品，最好选择冷色的灯光，这样会看起来更加透亮。

6. 亮色单品点睛

　　整个硬装的色调比较素雅或者比较深沉的时候，在软装上可以考虑用亮一点的颜色来提亮整个空间。例如硬装和软装是黑白灰的搭配，可以选择一两件色彩比较艳丽的单品来活跃氛围，这样会带给人不间断的愉悦感受。

◎ 亮色饰品点睛

五、不同空间饰品布置要点

1. 客厅饰品布置

客厅是整间房子的中心，布置饰品必须有自己的独到之处，彰显出主人的个性。

现代简约风格客厅应尽量挑选一些造型简洁的高纯度饱和色的饰品。

新古典风格的客厅中，可以选择烛台、金属动物摆件、水晶灯台或果盘、烟灰缸等饰品。

美式风格客厅经常摆设仿古做旧的工艺饰品，如表面做旧的挂钟、略显斑驳的陶瓷摆件、鹿头挂件等。

新中式风格客厅的饰品繁多，如一些新中式烛台、鼓凳、将军罐、鸟笼、木质摆件等，从形状中就能品味出中式禅味。

◎ 客厅饰品布置

| 现代简约风格客厅饰品 | 新古典风格风格客厅饰品 | 美式风格客厅饰品 | 新中式风格客厅饰品 |

现代简约风格客厅饰品

◎ 高纯度饱和色的饰品

◎ 造型简洁的饰品

◎ 红色仙鹤造型摆件

新古典风格风格客厅饰品

◎ 金属烛台

◎ 金属动物玻璃罐

◎ 银色公鸡造型摆件

美式风格客厅饰品

◎ 表面做旧的挂钟

◎ 质感斑驳的陶瓷摆件

◎ 鹿头造型挂件

新中式风格客厅饰品

◎ 竹子与小鸟造型的装饰摆件

◎ 花鸟图案的将军罐

◎ 鸟笼挂件

2. 卧室饰品布置

卧室时所有功能空间中最为私密的地方，布置饰品时要充分分析主人的喜好，巧妙利用专属于卧室的饰品，能轻易地为卧室空间增添情趣。

现代简约风格卧室选择饰品时，一方面要注重整体线条与色彩的协调性，另一方面要考虑收纳装饰效果，要将实用性和装饰性合二为一。尽量让饰品和整体空间融为一体。

新古典主义卧室的饰品在选择上可以多采用单一的材质肌理和装饰雕刻，尽量采用简单元素。如床头柜上的水晶台灯，造型复古的树脂材质的银铂金相框等；卧室梳妆台上可以摆放

不锈钢材质的首饰架，加上华丽的珠宝耳环的点缀，和印度进口的首饰盒成为新古典风格的最佳配备。

美式风格的卧室在饰品的选择上注重色差和质感的效果，从复古做旧的实木相框、细麻材质抱枕，到建筑图案的挂画，都可以成为美式风格卧室中的主角。

新中式风格的卧室可以选择既保留了中式元素但线条经过简洁处理的饰品，如彩陶台灯、中式屏风、根雕作品等，让简单的工艺透出中式文化的厚重底蕴。

| 现代简约风格饰品 | 新古典风格风格饰品 | 美式风格饰品 | 新中式风格饰品 |

◎ 线条简约的饰品

◎ 水晶配铜蝴蝶结把手的首饰盒

◎ 表面斑驳的圆形木质挂画

◎ 青花图案的抱枕

◎ 黑框留白处理的装饰画

◎ 金属材质的相框

◎ 做旧的树脂摆件

◎ 根雕饰品

◎ 充满清新浪漫气息的创意摆件

◎ 金属台灯

◎ 棉麻材质的小鸟图案抱枕

◎ 表面带有暗花纹的陶瓷台灯

3. 餐厅饰品布置

餐厅是家中最常用的功能区之一，一般布置餐具、烛台、花艺、桌旗、餐巾环等饰品。其中餐具是餐厅中最重要的软装部分，一套造型美观且工艺考究的餐具可以调节人们进餐时的心情，增加食欲。

◎ 餐厅饰品

（1）不同风格餐具搭配

现代风格的餐厅软装设计中，采用充满活力的彩色餐具是一个不错的选择；欧式古典风格餐厅可以选择带有一些花卉、图腾等图案的餐具，搭配纯色桌布最佳，优雅而致远，层次感分明；质感厚重粗糙的餐具，可能会使就餐意境变得大不一样，古朴而自然，清新而稳重，非常适合中式风格或东南亚风格的餐厅；镶边餐具在生活中比较常见，以其简约不单调，高贵却又不夸张的特点，成为欧式风格与现代简约风格餐厅的首选餐具。

◎ 镶边餐具

◎ 欧式古典风格餐具

◎ 东南亚风格餐具

◎ 现代风格餐具

（2）西餐餐具摆设

西餐餐具有刀、叉、匙、盘、杯等。刀分食用刀、鱼刀、肉刀、奶油刀、水果刀；叉分食用叉、鱼叉、龙虾叉；匙有汤匙、茶匙等；杯的种类更多，茶杯、咖啡杯多为瓷器，并配小碟；水杯、酒杯多为玻璃制品，不同的酒使用不同的酒杯，一般有几道酒，就配有几种酒杯。

西餐餐具的摆设：

正面位置放食盘，左手位放叉，右手位放刀。食盘上方放匙，再上方放酒杯，右起依次为烈性酒杯或开胃酒杯、葡萄酒杯、香槟酒杯、啤酒杯。餐巾插在水杯内或摆在食盘上。面包奶油放在左上方。吃正餐，刀叉数目应与上菜道数相等，并按上菜顺序由外向里排列，刀口向内。用餐时可按此顺序使用，吃一道，换一套刀叉，撤盘时一并撤去使用过的刀叉。

◎ 西餐餐具摆设

（3）中餐餐具摆设

中餐餐具有盘、碗、碟、匙、杯、筷子、牙签等。盘分大盘和小盘，大盘纯属摆设，除了用来压住餐布的一角，别无他用。小盘用来盛放吃剩下的骨、壳、皮等垃圾，也可以暂时放筷子夹过来的菜，但不能端起来使用；小碗是用来盛汤的，用筷子去夹汤汁较多的菜时，可以端起小碗去接；杯分为红酒杯、白酒杯以及水杯。

◎ 中餐餐具摆设

中式餐具的摆设：

大盘正对椅子，离身体最近；小盘叠在大盘之上，餐巾布折花放在小盘上；大盘前放小碗，小瓷汤勺放在碗内；小碗右侧依次放味碟、筷子架，筷子尾端与大盘齐平；大盘左前侧放置酒杯与水杯。酒杯、白酒杯以及水杯。

4. 书房饰品布置

书房是现代家居生活中不可缺少的一部分，它不仅是读书工作的地方，更多的时候，也是一个体现居住者习惯、个性、爱好、品位和专长的场所。书房饰品的摆设既要考虑到美观性，又要考虑到实用性。

现代简约风格书房在选择饰品时，要求少而精，有时可运用灯光的光影效果，令饰品产生一种充满时尚气息的意境美。

新古典风格书房选择饰品时，要求具有古典和现代双重审

美效果，如金属书挡、不锈钢烛台以及陶瓷的天使宝宝等。

为美式风格书房选择饰品时，要表达一种回归自然的乡村风情，采用做旧工艺饰品是不错的选择，如仿旧陶瓷摆件、实木相框等。

新中式风格书房在工艺饰品的选择上注意材质和颜色不要过多，可以采用一些极具中式符号的装饰物，填充书柜和空余空间，摆设时注意呼应性。

| 现代简约风格饰品 | 新古典风格风格饰品 | 美式风格饰品 | 新中式风格饰品 |

现代简约风格饰品

◎ 白色海马造型书挡

◎ 线条简洁的饰品

◎ 造型简约的台灯

新古典风格风格饰品

◎ 银色椭圆形雕花相框

◎ 水晶球摆件

◎ 马头造型书挡

美式风格饰品

◎ 做旧陶瓷花瓶点明美式书房的主题

◎ 美式书房中摆设做旧实木相框

◎ 地球仪摆件

新中式风格饰品

◎ 现代中式风格毛笔架

◎ 小鸟造型的树脂摆件

◎ 陶瓷收纳罐

5. 厨房饰品布置

　　厨房在家庭生活中起着重要的作用，选择饰品时尽量考虑实用性，要考虑在美观基础上的清洁问题，还要尽量考虑防火和防潮，玻璃、陶瓷一类的工艺饰品是首选，容易生锈的金属类饰品尽量少选。

　　有一些专用于厨房的饰品也很有趣，比如，冰箱上吸附着的带磁性的小装饰，可以挂东西，也可以用来压住留言条。厨房中许多圆的、方的、草编的或是木制的小垫子，如果设计得好，也会是很好的装饰物。

◎ 厨房用品同样可以作为装饰的一部分

◎ 选择与花砖图案相呼应的装饰画

◎ 陶瓷与玻璃材质的工艺饰品是厨房的首选

◎ 几件亮色的饰品可以改变厨房的氛围

6. 卫浴间饰品布置

　　卫浴间是每个家庭成员都能彻底享受完全私密的场所，选择合适的饰品对于提升家居档次能起到重要的作用。

　　卫浴间经常会有水汽和潮气，所以最受欢迎的工艺饰品是陶瓷和塑料制品，这些装饰品即使颜色再鲜艳，在卫浴间也不会因为受潮而褪色变形，而且清洁起来也很方便。为了保证卫浴间统一的风格，可以选择统一材质或颜色的装饰，如肥皂盒、洗浴套间、置物架、废纸盒等等都使用塑料的，营造整体协调的感觉。

　　除了陶瓷和塑料之外，在卫浴间使用铁艺饰品也是不错的选择，例如铁艺毛巾架、手纸架、挂钩等等，而且也都能起到实际的作用，让卫浴间使用起来更加便利。

◎ 选择一幅合适的装饰画点明卫浴间的装饰主题

◎ 陶瓷与玻璃饰品不会受到卫浴间潮气的影响

◎ 人物塑像同时也有挂毛巾的功能

◎ 白色铁艺搁物架兼具美观与实用功能

第七节 图案装饰应用

室内环境能否统一协调而不呆板、富于变化而不混乱，都与图案的设计密切相关。色彩、质感基本相同的装饰，可以借助不同的图案使其富有变化，色彩、质感差别较大的装饰，可以借相同的图案使其相互协调。

★ 特约软装专家顾问　　赵 芳节

北京锦楠装饰公司首席设计师；中国建筑装饰协会高级室内建筑师；中国国际室内设计联合会会员；中国室内设计联盟文化课特约专家讲师；沉迷于中式传统文化，擅长禅意东方风格、新中式风格的软装设计。

一、图案的装饰作用

1. 表达不同风格

图案可以表达不同的风格特点，正确运用可以让软装作品更有亮点。例如：有浓重色彩、繁复花纹的图案适合具有豪华风格的空间；简洁抽象的图案能衬托现代感强的空间；带有中国传统文化的图案最适合中式古典风格的空间。

◎ 中式传统图案

◎ 印度异域风情图案

◎ 表现度假风情的图案

◎ 简洁抽象图案

2. 改变空间效果

图案可以通过自身的明暗、大小和色彩改变空间效果。一般来讲，色彩鲜明的大花图案，可以使墙面向前提，或者使墙面缩小；色彩淡雅的小花图案，可以使墙面向后退，或者使墙面扩展。

图案还可以使空间富有静感或动感。纵横交错的直线组成的网格图案，会使空间富有稳定感；斜线、波浪线和其他方向性较强的图案，则会使空间富有运动感。

◎ 斜线图案会让空间富有动感

◎ 大花图案带来墙面缩小的视觉错觉

3. 表现特定气氛

图案能使空间环境具有某种气氛和情趣。例如有些带有退晕效果的墙纸，可以给人以山峦起伏、波涛翻滚之感；平整的墙面贴上立体图案的墙纸，让人看上去会有凹凸不平之感。带有具体图像和纹样的图案，可以使空间具有明显的个性，甚至可以具体地表现某个主题，造成富有意境的空间。

◎ 沙发墙给人带来仿佛整面书架的震撼视觉效果

◎ 书柜图案给柜门带来立体感

◎ 墙绘图案点明乡村风格的主题

二、不同空间的图案运用

动感明显的图案,最好用在入口、走道、楼梯或其他气氛轻松的房间,而不宜用于卧室、客厅或者其他气氛闲适的房间;过分抽象和变形较大的动植物图案,只能用于成人使用的空间,不宜用于儿童房;儿童房的图案应该富有更多的趣味性,色彩也可鲜艳一些;成人卧室的图案,则应慎用彩度过高的色彩,以使空间环境更加稳定与和谐。

同一空间在选用图案时,宜少不宜多,通常不超过两个图案。如果选用三个或三个以上的图案,则应强调突出其中一个主要图案,减弱其余图案;否则,过多的图案会让人造成视觉上的混乱。

◎ 大型植物图案适用于成人使用的房间

◎ 动感明显的图案适用于家居公共空间

◎ 绿植图案应用于书房可以有效缓解视力疲劳

三、常见的装饰图案

1. 中式回纹

回纹是被民间称为"富贵不断头"的一种纹样。它是由古代陶器和青铜器上的雷纹衍化来的几何纹样,因为它是由横竖短线折绕组成的方形或圆形的回环状花纹,形如"回"字,所以称作回纹。最初的回纹是人们从自然现象中获得灵感而创造的,只是用在青铜器和陶器上作装饰用。到了宋代,回纹被当作瓷器的辅助纹样,饰在盘、碗、瓶等器物的口沿或颈部。明清以来,回纹广泛地用于织绣、地毯、木雕、漆器、金钉以及建筑装饰上用作边饰和底纹。

◎ 中式回纹

◎ 回纹图案可以表现出现代中式风格的特点

2. 卷草纹

卷草纹是中国传统图案之一。多取忍冬、荷花、兰花、牡丹等花草,经处理后作"S"形波状曲线排列,构成二方连续图案,花草造型多曲卷圆润,通称卷草纹。因盛行于唐代,又名唐草纹。卷草纹与自然中的这些植物并不十分相像,而是将多种花草植物的特征集于一身,并采用夸张和变形的方法创造出来的一种意向性装饰样式,如同中国人创造的龙凤形象一样。

卷草纹根据装饰位置的不同,可成直线、转角,也可成圆形、弧形,可长可短,可方可圆,变化无穷,成为应用广泛的边饰纹样之一。卷草纹通常以横竖中心轴线为左右对称或上下对称,但不论是哪种形式,都要借助花卉纹样来实现。以花卉纹样为中心,向两个相背的方向上延伸,最终以枝叶或花卉结束。

◎ 卷草纹

◎ 卷草纹是典型的中国传统图案

3. 佩斯利图案

佩斯利是辨识度较高的装饰纹案之一，是一种由圆点和曲线组成的华丽纹样，状若水滴，"水滴"内部和外部都有精致细腻的装饰细节，曲线和中国的太极图案有点相似。

佩斯利花纹是一种历史久远的装饰图案，因为其形状在不同文化、不同时期都有不同的称呼，例如"波斯酸黄瓜纹"和"威尔士梨纹"，而在中国也常被称为"腰果花纹"。佩斯利图案的由来和波斯文化、古印度文化密不可分，作为装饰图案在建筑、雕塑、服装和饰物中都有应用。

佩斯利图案的形态寓意吉祥美好，绵延不断，外形细腻、繁复、华美，具有古典主义气息，较多地运用于欧式风格设计中。

◎ 佩斯利图案

4. 大马士革图案

这种图案是由中国格子布、花纹布通过古丝绸之路传入大马士革城后演变而来的，这种来自中国的图案在当时就深受当地人们的推崇和喜爱，并且在西方宗教艺术的影响下，得到了更加繁复、高贵和优雅的演化。人们将一些小纹饰以抽象的四方连续图案连接起来，并将其视为甜蜜和永恒爱情的象征。罗马文化盛世时期，大马士革图案普遍装饰于皇室宫廷、高官贵族府邸，因此带有一种帝王贵族的气息，也是一种显赫地位的象征。流行至今，大马士革图案是欧式风格设计中出现频率最高的元素，有时美式、地中海风格也常用这种图案。

◎ 大马士革图案

5. 条纹图案

永恒经典的条纹一直家居软装的重头戏之一，在现代简约风格的设计中经常出现。利用条纹图案，既可以快速实现家居换装，同时还可以改变家居布置的一些缺憾。

一般来说，横条纹图案可以扩展空间的横向延伸感，从视觉上增大室内空间；在房屋较矮的情况下就可以选择竖条纹图案，拉伸室内的高度线条，增加空间的高度感，让空间看起来不会那么压抑，无论是卧室还是客厅，都很合适。

◎ 横条纹可以改变房间的视觉宽度　◎ 竖条纹可提升房间的视觉高度

6. 碎花图案

如果喜欢清新的田园风，那么不妨在装饰的时候加上一点碎花的元素，例如碎花墙纸、碎花窗帘、碎花布艺沙发等，这些小小的碎花图案能够轻松营造出春意盎然的田园风。

无论是浪漫的韩式田园风格，还是复古的欧式田园风格，碎花布艺沙发都是常见的客厅家具，再搭配其他造型较为简约的纯白色或者原木色家具，效果会更好。如果采用碎花窗帘，最好是和碎花纱帘一起使用，这样才能搭配出完美效果，另外在碎花窗帘的设计上要注意避免堆积过多的碎花元素。

把碎花应用到家居设计中时，注意一个空间中的碎花图案不宜用太多，否则就会觉得杂乱。大小相差不多的碎花图案，尽量采用同一种花纹和颜色；大小不同的碎花图案，可以采用两种花纹和颜色。

◎ 碎花图案　◎ 碎花图案营造出春意盎然的田园风

第四章 软装风格速查

软装的风格应在硬装风格讨论时一并解决，

如果空间的风格是现代简约，

软装的搭配风格当然不会是古典的；

反之亦然。

所以软硬装的风格一致性

是最基本的规则。

第一节 新中式风格软装设计

一、新中式风格软装设计手法

　　新中式是指将中国古典建筑元素提炼融合到现代人的生活和审美习惯的一种装饰风格，让传统元素更具有简练、大气、时尚的特点，让现代家居装饰更具有中国文化韵味。设计上采用现代的手法诠释中式风格，形式比较活泼，用色大胆，结构也不讲究中式风格的对称，家具更可以用除红木以外的更多的选择来混搭，字画可以选择抽象的装饰画，饰品也可以用东方元素的抽象概念作品。

　　新中式风格的室内设计在选择使用木材、石材、丝纱织物等材料的同时，还会选择玻璃、金属、墙纸等现代材料，使得现代室内空间既含有浓重的东方气质，又具有灵活的现代感。窗格是新中式风格使用频率最高的装饰元素，空间隔断、墙面硬装均可选择应用。另外还可以将窗格元素进行再设计，如在

半透明玻璃上做出窗格图案的磨砂雕花，以不锈钢、香槟金等金属色做出窗格装饰等，都是十分常见的做法。在软装配饰上，如果能以一种东方人的"留白"美学观念控制节奏，更能显出大家风范。比如墙壁上的字画，不在多，而在于它所营造的意境。

◎ 新中式风格餐厅设计

◎ 新中式风格客厅设计

二、新中式风格常用软装元素

1. 家具

新中式风格的家具可为古典家具，或现代家具与古典家具相结合。中国古典家具以明清家具为代表，在新中式风格家居中多以线条简练的明式家具为主，有时也会加入陶瓷鼓凳的装饰，实用的同时起到点睛作用。

2. 抱枕

如果空间的中式元素比较多，抱枕最好选择简单、纯色的款式，通过正确把握色彩的挑选与搭配，突出中式韵味；当中式元素比较少时，可以赋予抱枕更多的中式元素，如花鸟、窗格图案等。

3. 窗帘

新中式的窗帘多为对称的设计，帘头比较简单，运用了一些拼接方法和特殊剪裁。可以选一些仿丝材质，既可以拥有真丝的质感、光泽和垂坠感，金色、银色的运用，还添加时尚感觉，如果运用金色和红色作为陪衬，可表现出华贵而大气。

4. 屏风

新中式家居常常会用到屏风的元素，起到空间隔断的功能，一般用在客厅与餐厅之间，或者书房的椅子背后。

5. 饰品

除了传统的中式饰品，搭配现代风格的饰品或者富有其他民族神韵的饰品也会使新中式空间增加文化的对比。如以鸟笼、根雕等为主题的饰品，会给新中式家居融入大自然的想象，营造出休闲、雅致的古典韵味。

6. 花艺

新中式风格的花艺设计以"尊重自然、利用自然、融合自然"的自然观为基础，植物选择枝杆修长、叶片飘逸、花小色淡的种类为主，如松、竹、梅、菊花、柳枝、牡丹、茶花、桂花、芭蕉、迎春、菖蒲、水葱、鸢尾等，创造富有中国文化意境的花艺环境。

◎ 家具

◎ 抱枕

◎ 窗帘

◎ 屏风

◎ 饰品

◎ 花艺

三、新中式风格软装实战运用案例

软装方案示例（一）

软装风格	新中式风格	项目面积	425 ㎡
设计机构	深圳百搭园设计	设计师	司蓉
软装解析设计师	**赵芳节** 中国建筑装饰协会注册高级室内建筑师，中国室内设计联盟特约专家讲师，中国建筑装饰协会中装教育特聘专家，中国国际室内设计联合会会员，中国电力出版社多套家居图书点评嘉宾，金创奖2015年度十大精英设计师。		

软装综述

在这套 400 多㎡的别墅中，设计师延续了巴渝文化中心的悠久历史与稀缺的文化风情，巧妙地将西式与中式现代相糅合，独具匠心，形成一座贵气优雅、别具内涵的住宅空间。整座别墅使生活习惯与精神文化的相结合，完美体现了传统信仰与优雅风情的气质交融。每个空间设计师都向生活和习惯寻求真正的范本，并且从中吸收忠实于现代生活的语言，让居家的奢华元素匹配财富阶层应有的生活方式。

◎ **诸多中式元素的应用**

客厅空间运用到了许多传统的中式元素，深色新中式柜子上的青花瓷器、茶几上摆放着的麒麟摆件、电视墙下方的蓝色工艺瓷器装饰在色彩上呼应搭配。电视墙两侧的石狮子仿佛中国古代的门户一样对称矗立，将自然与艺术相结合，让空间的东方美自然呈现。

◎ 中西文化交融的客厅空间

走进客厅，似乎走进了东方的文化艺术馆。挑高层架构让整个客厅显得更加大气，湖蓝色的简欧沙发成为整个空间的色彩中心。无论是抱枕上的牡丹花、高高低低的陶罐还是墙上的挂画，都以这个色彩进行延伸与穿插。荷叶造型的壁饰蔓延而上，使整个沙发背景现代灵动活泼。

◎ 撞色搭配的家具布艺

沙发背景采用半环抱的形式增强空间的私密感；背景两侧摆放着精致的陶瓷收藏品，抽象的波浪壁饰给人以无限的遐想；湖蓝色的沙发作为大面积的主体色，明黄色的单人沙发与保证作为点缀，运用撞色起到了丰富视觉的作用。

◎ 湖蓝色与亮黄色的色彩组合

餐厅延续了客厅湖蓝色与亮黄色的色彩组合，白底青花图案的餐盘与金色的餐具搭配，朴实的东方情怀中透露着奢华与贵气，桌上的小绿植和木雕松果，让这样一个略显秩序感的就餐环境，多了几分轻松与亲切。餐厅后面的壁柜构成造景框，加上各种陶瓷及艺术品摆件，无疑是中式元素的最好代表。

◎ 运用中式对称手法布置饰品

地下室的酒窖处单独开发出一个独立空间作为品酒区，并设置了吧台。软装方面仍然沿用整体的配色方案，湖蓝色瓷器花瓶和黄色的西式插花作为点缀活跃空间氛围。整体的画面采用了中式传统的对称式手法，两侧摆放了一对不锈钢圆形水墨雕塑，让空间多了几分现代气息。

◎ **现代与传统结合的卧室家具**

卧室采用新古典风格大床搭配湖蓝色的新中式床头柜，将现代与传统糅合；白色花瓶形状的台灯
颇有几分古意；床头上方的湖蓝色荷叶壁饰平衡了色彩视觉；床尾用一块水墨风格地毯划分出休
闲阅读区，放置一款法式曲线的现代沙发和圆角茶几相呼应，围合成了一个舒适的私享区域。

◎ **中式窗帘帘头**

次卧室同主卧室格调大致相同，湖蓝色的中式窗帘帘头给空间增加了
细节表现；具有抽象图案的地毯在呼应空间色彩的同时表达出一种苏
州园林般的秀美；床品以白色作底、深咖色作为主体色压出体量感，
用黄色和蓝色的丝绸头枕活跃空间，体现高贵细节。

◎ **新中式书桌含蓄优雅**

运用现代手法设计的新中式书案和椅子，给人一种含蓄优雅的姿态；
案头铜质的台灯放置于左侧，庄重且富有细节；地面的山外山水墨地
毯铺设界定区域的同时，给空间带来了一丝写意的美感；书柜上精美
的瓷器收藏品和书籍错落相隔的摆放，让空间不显呆板且有细节变化。

◎ 缩小尺寸定制的客房家具

客房的设计可谓精心布局，新中式睡床和床头柜通过缩小尺寸定制，在狭小的空间内依然有不错的视觉效果；两侧的蓝色瓷器台灯犹如穿着旗袍的大家闺秀婀娜多姿；玫红色的靠背和靠枕赋予空间高贵的气质，背景墙上的山水写意画卷在室内表现得悠远绵长；整体构图对称平稳且富有自然生机。

◎ 亮色饰品增加活泼气息

明黄色的床品和小装饰摆件让室内显得更加活力四射，床头的鹿头装饰充满了童话色彩，新中式的块毯框定了一块极其舒适的玩耍区域，色彩上同时还不忘和床品呼应；椭圆形的床头柜搭配小动物台灯，灵动圆润；浅蓝色的窗帘采用长城墙的形式感做帘头富有文化感，且浅蓝色在床品和地毯中都有穿插表现，并非孤立存在。

◎ 色彩活泼的儿童房

儿童房的色彩变化活泼充满生机，躺在床上就可以看到绿叶飞鸟，自然清新；金属的新中式书架摆放着各色的玩具、书本和装饰品；作业桌上摆放小棵的绿植，将整体绿色大自然的感觉延续；入门处的字母挂画时尚且富有色彩变化；草绿色的床品和整体配色相映成趣、橘黄色的椅子和桌面的小饰品显得格外活泼。

◎ 见光不见灯的设计细节

浴缸头顶的蜡烛吊灯在提供照明的同时创造了华丽的视觉效果。其余的灯光设计细节则处处贴心，暗藏光源分别布置在梳妆镜后背、台阶下方、天花吊顶内侧，有效地保证了在起夜模式里的不刺眼光效。

软装方案示例（二）

软装风格	新中式风格	**项目面积**	145 ㎡
设计机构	深圳御融装饰设计	**设计师**	汪子滟

软装解析设计师	**赵芳节** 中国建筑装饰协会注册高级室内建筑师，中国室内设计联盟特约专家讲师，中国建筑装饰协会中装教育特聘专家，中国国际室内设计联合会会员，中国电力出版社多套家居图书点评嘉宾，金创奖2015年度十大精英设计师。

软装综述

　　设计师将传统元素提炼精简，用西式手法结合中国文化，巧妙地表达神韵与传达境界，创造出了既有西方形式美，又有东方意境美的形神兼备的艺术精品。设计上大面积采用现代简约的直线条和大面块设计，在装饰细部则提取传统的纹样及图案，并用现代的装置艺术手段达到创造意境的高度，充分展现了现代简约与中式风格相互结合的独特视觉体验。

◎ **湖蓝色的穿插呼应**

客厅沙发背景采用整幅金箔饰面的花鸟画屏，营造出一种休闲低奢的氛围；湖蓝色的地毯给客厅划分出会客区的专属空间，并在沙发上穿插摆放同色系的抱枕作为点缀呼应，同时窗帘的细节也用湖蓝色进行收口。

莲花形象的吊灯和另一面墙上的金属荷叶壁饰形成了一种意境上的呼应；圆形的现代餐桌采用深色的木漆饰面显得厚重而不呆板，新古典款型的餐椅在形状上类似南官帽椅的神态，营造一种不同的中式表情。餐桌上摆设水蓝色和褐色渐变的陶罐，利用西式的插花手法营造出丰满富足的感觉。

明黄色将军罐点睛

硬装基础为大地色的墙面和灰色石材电视背景，背景两侧为了增加空间变化用茶色镜面衬底，并用中式回形纹拉丝铜质雕花隔断作为装饰，很好地融入了背景并丰富了空间表情。明黄色的将军罐作为装饰品放置于前，确立了空间主角并很好地活跃了色彩氛围。蓝色的流苏与沙发遥相呼应，使画面不再是孤立的存在。

蓝色调的运用令人眼前一亮

主卧室在大件家具和主吊灯的选择上仍然选用现代款型并弱化处理，只是在床头柜和台灯的选择上采用了带有回纹装饰的新中式款型，从而达到凸显风格的目的；地毯和休闲沙发上的那一抹蓝色在这里显得异常惊艳，沙发上采用了米色的抱枕来调和颜色的面积；床上的靠枕采用了较深的主体色来加大体量感，同时用了橘黄色作为点缀。

金色的荷叶造型壁饰

软装设计上利用近似黑色的木质家具作为主体色，为了避免大面积的黑色过于压抑呆板，椅面布艺采用与墙地面同色；点缀色是自然的蓝色和黄色，主要体现在花品和画品的运用上；另外还采用了金色的艺术壁饰作为空间陪衬点缀，使空间品质感大大提升。

◎ **地毯与吊灯图案的呼应**

书桌和椅子同样采用了新古典的款式,随意摆放的饮茶器具和香炉似乎都在刻意营造一种安逸的生活状态;书桌下的块毯选用了莲花形状的图案,和顶面的水纹吊灯遥相呼应,营造出"一花一世界"的禅意境界;书柜陈列品的摆放同样遵守了焦点锁定视平线的原则,进行了差异错落摆放。

◎ **半开放式格局给人通透感**

主卫采用透明玻璃隔断半开放式的格局,给人一种通透感;在整体风格的延续上做得非常到位,大地色的瓷砖打底,深色的浴室柜门和咖啡色台面压轴,湖蓝色的浴巾和黄色的蝴蝶兰花艺点缀,把手和镜框采用拉丝金属色搭配,非常完整地完成了整个空间的软装设计。

◎ **不对称式平衡手法布置饰品**

次卧室作为客人临时居住的房间,在家具上选用了较小尺寸的单人床,可以让空间显得更大一些;在配色方面依然延续整体的主色调,床头柜选择了纯黑色的中式新古典款式,两侧的饰品采用了不对称式平衡手法,一侧放置了台灯和茶杯、花器,另一侧则放置了蓝色的玩偶雕塑和较矮的花器、相框,两侧各自形成了一个相对稳定的三角形结构,平衡了画面。

◎ **清新自然的男孩房**

儿童房虽然硬装上没有什么变化,但是在软装设计师的精心布置下呈现出了完全不同于整套案例的效果:希腊的蓝白地中海风格,木箱式的床头柜,灯塔和帆船的装饰摆件,以及带有麻绳渔网的床品等,都是一种对碧海蓝天的向往。

软装方案示例（三）

软装风格	新中式风格	项目面积	228 ㎡
设计机构	新城控股集团	设计师	朱迎松

软装解析设计师	**赵芳节** 中国建筑装饰协会注册高级室内建筑师，中国室内设计联盟特约专家讲师，中国建筑装饰协会中装教育特聘专家，中国国际室内设计联合会会员，中国电力出版社多套家居图书点评嘉宾，金创奖2015年度十大精英设计师。

软装综述

　　本案由港式的干练、典雅，与酒店风格的精致奢华相糅合，提炼出富有新东方古典气息又不失现代感的别墅空间。设计上使用简单的主材，进行大块面的有序搭配，加以近乎苛刻的细节雕琢，使空间整体统一，旨在达到如名家的泼墨画卷与线条流畅的工业建筑相碰撞，在简练中写意，在写意中柔美。

◎ 简约东方气质的软装搭配

客厅采用新中式的家具和配饰来诠释东方的贵气。绒布面的沙发用深灰色线条勾勒出沙发的框架与轮廓；茶几同样也是白色主体结构，用黑色作为切割线和底座彰显出其气质。黑色的西式单椅搭配中国特色的刺绣靠枕形成了别样的东方表情。山水画般的地毯仿佛将空间引入了大自然之中，低饱和度的色彩高贵典雅。

◎ 手绘花鸟画给背景增添灵动感

一幅手绘的中式花鸟画给空间平添了灵动与生机，茶几上的梅花盆景将二维的画面拉到了三维空间，形成了配景。铜质的竹节吊灯既有东方情怀又有 Art Deco 风格的现代气质，和壁灯以及新中式的台灯形成了一个非常稳定的三角形构图结构，体现了东方的沉稳与华贵。

◎ 简约线条的餐桌椅不失东方韵味

餐桌采用了工业风格的长方形直线条，黑钢桌腿搭配北欧风格的扣皮单椅同样体现出非常的浓烈的东方贵气。餐桌边上的大型陶罐古朴且融与背景，不规则的枯藤插花技法营造出了苍拙之美。矩形的亚克力吊灯在提供充足的用餐照明之余，让空间多了几分现代气质。

◎ 利用墙面设置收藏品展示柜

走近观看，可以清楚地将太湖石的褶、皱、丑、陋、透表现得淋漓尽致，一只秃鹰给画面增加了活力和趣味；走廊两侧是主人的收藏品展示柜，各种名贵的瓷器和收藏品有序陈列其中，从另外一个角度折射出主人的生活品味以及情调。

◎ 利用竹子隔断划分空间

茶室的整面墙用竹子来做隔断，既划分了空间，又让空间显得无比自然、曲径通幽。地面采用榻榻米的方式席地而坐。增加了舒适度与亲切感。茶台上的青苔景观古朴自然，处处流露出天人合一的意境。墙面的书法作品，抽象挂画让观者在文化与思考中游离。

◎ 绿色地毯调节深木色会客室

从一层楼梯间下来便是地下会客室，同时也是主人的私人收藏品陈列室；为了调节空间的压抑感，家具大胆选用了现代款式的拉扣沙发及简约的白色茶几；地毯则选用了充满生机的草绿色，仿佛一块自然的草坪，清新舒适。

◎ 现代沉稳的书房空间

书房使用了黑白灰加米色的配色方案，刻意营造一个能让人安静思考的空间。背景墙面采用了米色的墙纸，大体量感的黑色家具让空间显得现代沉稳，窗帘则选择了中性的灰色。为了打破沉闷感，桌旗和装饰品采用了米色作为点缀。

◎ 充满文化气息的过道

地下室的文化长廊，首先映入眼帘的是远处的大型装饰壁画：水墨意蕴的太湖石古意浓浓；而左右两侧则搭配整体风格，用黑色木框装裱了名家书写的《心经》书法作品，静谧且优雅。

◎ 紫色床头赋予空间高贵气质

主人房则采用了张扬的爱马仕橙色作为床头背景，高靠背的灰紫色床头和床尾凳在压低空间的色相后同时赋予了高贵的气质。铜色拉丝的 Art Deco 风格台灯、梳妆镜、吊灯甚至是凳腿遥相呼应，穿插其间彰显出尊贵与奢华。

◎ 鸟语花香的老人房空间

老人房的设计加入了传统的鸟语花香氛围，雅俗共赏；在布艺的选择上以素雅的灰白色加大地色为主，灰色的棉麻质地窗帘搭配白纱给人一种宁静的感受；家具的款式同样采用了新中式款式并用黑色线条勾勒轮廓的方式，灯具选用了铜拉丝的台灯和几何图案的吊灯作为照明和装饰，给空间增加了几分华贵。

◎ 新中式风格的床头柜

床头柜的细节依然延续客厅的简约东方风格，白色作为主体色并用黑色收边描绘轮廓，精致的复古铜拉手更是点睛之笔，将东方质朴的神韵升华。具有 Art Deco 风格的床头台灯的搭配方式既没有出现不和谐的画面，反而给整个东方精髓赋予了现代的气质。

◎ 珠宝图案的顶面装饰

女儿房在整体上保留了简约的线条，并以引入了小公主最喜欢的蒂芙尼珠宝作为软膜天花的图案装饰，软包背景的颜色采用了蓝绿色，配合灰色的床头、布艺和地毯，让整个空间现代成熟且不失时尚。床头两侧的台灯和正上方的装饰阁形成了品字形构图模式，相比于挂画，装饰性更强一些。

第二节 北欧风格软装设计

一、北欧风格软装设计手法

北欧风格总的来说可以分为三个流派，因为地域的文化不同所以有了区分。分别是瑞典设计、丹麦设计、芬兰现代设计，三个流派统称为北欧风格设计。北欧风格家居以简洁著称，注重线条和色彩的配合营造氛围，没有人为图纹雕花的设计，是对自然的一种极致追求。

许多北欧的房子本身就是砖墙打造而成，通常会将砖墙保留，简单刷饰油漆，创造出怀旧与历史氛围，想要仿造北欧风格，也可以运用保有石头质感的文化石，搭配绿意盎然的植栽，与自然更融合。北欧空间里使用的大量木质元素，多半都未经过精细加工，其原始色彩和质感传递出自然的氛围。除了木材之外，北欧风格常用的装饰材料还有石材、玻璃和铁艺等，但都无一例外地保留这些材质的原始质感。大面积的木地板铺陈是北欧风格的主要风貌之一，让人有贴近自然、住得更舒服的感觉，北欧家居也经常将地板漆成白色，会有视觉看起来宽阔延伸的效果。

二、北欧风格常用软装元素

1. 家具

北欧家具一般都比较低矮，以板式家具为主，材质上选用桦木、枫木、橡木、松木等不曾精加工的木料，尽量不破坏原本的质感。将与生俱来的个性纹理、温润色泽和细腻质感注入家具，用最直接的线条进行勾勒，展现北欧独有的淡雅、朴实、纯粹的原始韵味与美感。

2. 布艺

在窗帘、地毯、桌布等布艺搭配上，材质以自然的元素为主，如木、藤、柔软质朴的纱麻布品等天然质地。

3. 图案

几何印花、条纹、人字形图案和抽象设计可以提供欢快、兴奋和个性的北欧印象。

4. 绿植

追求自然的味道，适时加入的绿植，变成了北欧家居里最好的装饰物。它们可以安身在任何合适的地方，清新的绿色，如春风拂面，温柔美好。

◎ 家具

◎ 图案

◎ 北欧风格客厅设计　　◎ 北欧风格餐厅设计

◎ 布艺

◎ 绿植

三、北欧风格软装实战运用案例

软装方案示例

软装风格	北欧风格		项目面积	145 ㎡
设计机构	深圳御融装饰设计		设计师	王兵　徐洁芳
软装解析设计师	**蔡鹤群** 近十年室内设计工作经验，其中有五年地产样板房和会所软装设计经验，中国建筑学会室内设计分会会员；提倡要将空间，功能和人文三者相结合的设计理念；热爱生活，享受设计，擅长美式、现代、欧式等设计风格。			

软装综述

　　本案是一套具有典型北欧风格的项目，设计上摒弃了花哨的硬装结构，以简约的手法，糅合了温暖的布艺，精湛的木作和别致个性的灯具等软装元素，营造出一个注重功能、线条简练、温暖明快的北欧之家。值得一提的是空间中的颜色和材质的细节处理特别到位，木色、灰色和白色形成了十分统一的北欧风格基调。同时，各种木材、布艺和乳胶漆等寻常材料，通过空间占比率的多与少的调节，也很恰当地将北欧风的简约化和生活化的特性表达了出来。

◎ **简洁流线的灯具造型**
起居室中的灯具以简洁流线的造型、纯粹的质地和单一的颜色，来塑造北欧味道。搭配这类空间的照明设备时，不能采用过于花哨的形态和色彩，力求简洁、富有设计感的灯具就能起到画龙点睛的作用。

◎ **色彩明快的家具搭配**

起居室中的家具色彩以木色和浅灰色两种颜色组合而成，配合大面积的白色墙面，形成干净明快、毫无杂乱之感的空间氛围；北欧系的家具产品形式多样、简洁、功能化且贴近自然是其特色，在此类风格的软装运用中是尤为重要的一个环节。

◎ **瓷质器皿的点缀**

北欧风格中，除了玻璃材质以外，出现较多就是瓷质器皿了，瓷质器皿的形态多样，颜色非常丰富，用途也很多；有的可以作为花瓶，有的可以作为餐具，甚至单独摆放也能出彩，因此把瓷质器皿放在北欧风格的居家环境中，非常能够衬托空间的气质。

◎ **原木是北欧风格的灵魂**

原木家具是北欧风格的灵魂，这种家具产品的式样众多，大多都造型简洁、功能实用且贴近自然。这些原木的家具多以木材的本色演出，颜色淡雅，部分配合一些铁艺和石材。在挑选时可以做一些材质上的对比，从而增加氛围的活跃层次。

◎ **取材自然的石材**

北欧风格以亲近自然著称，而石材保留了原始粗犷的质感。因此用石材去表达北欧风的自然味道也是很常见的设计手法。值得注意的是，挑选石材的时候，要选用颜色温润内敛，纹路简洁单一的为好，切不可使用视觉很夸张的品种。

◎ **用装饰画来呼应硬装**

楼梯间过道的白墙上，用接近木色的几何块面装饰画来呼应楼梯的木制几何状扶手，不仅丰富了大面的白墙，同时又增加了趣味。北欧风格的装饰画画面内容通常比较简洁，可以用画中内容的造型、颜色的元素来呼应或者点明空间中的主题。

◎ **中式茶台与茶具**

北欧风讲究自然，与中国茶道有异曲同工之妙，两者在使用器物的材质和颜色上都十分接近。因为，在体量较大的北欧风格空间中，摆放造型简洁、原木材质的中式茶台和茶具，也会有非常好的融合感。

◎ **木质的浴室窗帘**

提到北欧，就会联想到木制的芬兰浴房。因此在北欧风格的卫浴间中，可以采用仿木的瓷砖和木质百叶帘等进行点缀，同时搭配白色的洁具，就可以很好地在公寓楼里营造出富有情调的北欧浴室了。

◎ **各式各样的玻璃器皿**

玻璃器皿是北欧风格中经常采用的一大软装元素。各种颜色和通透度的玻璃器皿都能很好地融入这种风格中，瓶中也可以摆放花卉、烛台等饰品进行点缀。

◎ **高背床形成卧室亮点**

卧室中的暖灰色高背床与同色系的墙面形成了靠色的关系，在材质和造型上加以区分，丰富了细节层次。高靠背床搭配简单的墙面色块就可以形成北欧风格中的典型背景，不再需要额外的硬装造型处理。

◎ **单色的床品**

北欧风的卧室中常常采用单一色彩的床品，多以白色、灰色等色彩来搭配空间中大量的白墙和木色家具，形成很好的融合感。如果觉得单色的床品看久了比较乏味的话，可以挑选暗藏简单几何纹样的单色面料来做搭配，会显得空间氛围活泼生动一些。

◎ **跳跃色彩的抱枕**

北欧风的空间中，硬装处理得都比较简洁，没有过多的装饰，这时可以通过色块相对鲜明的抱枕来点缀空间。挑选抱枕时，可以选用色彩、面料和纹样相对丰富一些的款式，但注意不要过度夸张，高明度、低饱和度和几何纹样的款式是首选。

第三节 简欧风格软装设计

一、简欧风格软装设计手法

纯正的古典欧式风格适用于大空间，在中等或较小的空间里就容易给人造成一种压抑的感觉，这样便有了简欧风格。简欧风格既传承了古典欧式风格的优点，彰显出欧洲传统的历史痕迹和文化底蕴，同时又摒弃了古典风格过于繁复的装饰和肌理，在现代风格的基础上，进行线条简化，追求简洁大方之美，致力于塑造典雅而又不失华美的家居情调。

简欧风格要求只要有一些欧式装修的符号在里面就可以，因此，它其实是兼容性非常强的设计，如果把家具换掉，可以瞬间变成现代风格，也可以变成中式风格，总之能做到空间的千变万化。简欧风格软装的底色大多以白色、淡色为主，家具则是白色或深色都可以，但是要成系列，风格统一。铁艺装饰也是简欧风格里一个不可少的装饰，欧式铁艺楼梯或者欧式铁艺挂钩都能给空间增添欧式风情。

◎ 简欧风格客厅设计

◎ 简欧风格卧室设计

◎ 灯具

二、简欧风格常用软装元素

1. 家具

简欧风格的家居中，许多繁复的花纹虽然在家具上简化了，但是制作的工艺并不简单。欧式简约家具设计时多强调立体感，在家具表面有一定的凹凸起伏设计，以求在布置简欧风格的空间时，具有空间变化的连续性和形体变化的层次感。

2. 窗帘

简欧风格窗帘的材质有很多的选择：镶嵌金、银丝、水钻、珠光的华丽织锦、绣面、丝缎、薄纱、天然棉麻等，亚麻和帆布的面料不适用于装修简欧风格家居。

3. 灯具

简约欧式的灯具外形简洁，摒弃古典欧式灯具繁复的造型，继承了古典欧式灯具雍容华贵、豪华大方的特点，又有简约明快的新特征，适合现代人的审美情趣。

4. 饰品

简欧风格的饰品讲究精致与艺术，可以在桌面上放一些雕刻及镶工都比较精致的工艺品，充分展现丰富的艺术气息。另外金边茶具、银器、水晶灯、玻璃杯等器件也是很好的点缀物品。

◎ 家具

◎ 饰品

◎ 窗帘

三、简欧风格软装实战运用案例

软装方案示例（一）

软装风格	简欧风格	项目面积	805 ㎡
设计机构	KSL 设计事务所	设计师	林冠成
软装解析设计师	**李戈** 中国注册室内设计师，中国建筑装饰协会会员，十年以上专业经验，上海季洛精品设计公司创始人。以构精致设计，筑品位生活为理念，擅长对各类软装风格的把握，被多家家居媒体邀请作为软装专家嘉宾。		

软装综述

　　本案在空间布局上打破常规，将天花、墙面、陈设等设计融为一体，整个空间呈现出一种兼具机能性与艺术性的独特美感。精炼的复古墙饰搭配雅致的花鸟墙纸，富有质感的华丽材质与巧妙制衡的色彩比重营造出丰富的空间层次感。璀璨吊灯的辉映下，奢华和舒适高度融合，高雅欧式的尊贵气质和卓尔不群的气度不显自彰。

◎ **两种沙发之间的冷暖对比**

皮质沙发与布艺沙发在铆钉玻璃茶几的自然光映射下，更加凸显出质感，与顶面的亚光木色隔空对比，增强整体空间感。棕色皮沙发与地面菱形地砖的结合，促进了整体色彩的连贯，并与两侧的布艺沙发组合形成冷暖对比，交相辉映，协调中富有层次变化，和谐有序。

◎ 客厅护墙板与精美壁画的完美结合

精美大气的水晶吊灯与花纹华美大气的地毯上下对比，让整个客厅空间变得充满张力和生气；白色的护墙板内配上一幅幅精美的墙画，除了很好呼应了地面的蓝色外，更是散发出清香宜人的气息。

◎ 台球室装饰画的写意

装饰画适当地留白，与背景墙上的白色护墙板相得益彰，饱具韵味的画面内容和沉稳的色彩与菱形地砖呼应，错落有致的大小组合凸显出墙面的层次感。

◎ 台球桌与吊灯的唯美结合

蓝色桌面的台球桌是整个空间的色彩主角，在这动感十足的娱乐空间里面，与墙面装饰画一起构筑出空间的祥和氛围和细腻情感。吊灯的柔和灯光通过黑色边框的灯罩映射出来，给空间增加温馨感的同时更显华丽。

◎ 金属材质在木质空间形成亮点

吧台红酒区域的整体木质感比较强，高光金属脚的运用在这个空间中无疑形成了亮丽的点缀，除整体感觉更加有生机之外，更增加了欧式风格中的现代气息，给凝重的空间增添了一分轻松感。

◎ 书房地毯在空间中凸显张力

书房的地面运用整张牛皮地毯，在木质地板、书架及墙面的相互辉映下，更显张力，牛皮地毯与休闲椅子的颜色让整体空间更显稳重，且凸显简欧风格的优雅姿态和品质，也衬托出书房空间的书香气息。

◎ 花纹优美的地毯与地板的搭配

在居家空间中，地板与地毯之间的搭配也尤为重要，除了颜色，花纹也是重点。淡蓝色的地毯花纹与装饰柜的花纹彰显线条之美，既体现了欧式风格的华美以及气质，地面由方格中带人字拼贴，更加凸显几何图案之美，让整体空间更显活力与层次。

◎ 吊灯平衡空旷感

在灰色的空间中搭配白色的吊灯，很好平衡了整个空间的空旷感，流泻的背景灯光映衬白色洗手盆，显得更干净整洁并不失温馨，延续欧式线条的大理石镜框在与整体空间的护墙板呼应的同时，有效地协调了空间的冰冷感。

◎ 欧式风格中的精致水晶灯

卧室空间中，造型精致的水晶吊灯与淡蓝色的地毯、茶几、蓝色抱枕交相辉映，搭配米色的床品及欧式花纹的沙发，更加彰显出卧室的优雅和品位，表现主人对典雅空间以及高贵气质的追求。

◎ 卧室床头软包与床品的搭配

床头背景选用米灰色软包，延续整体的色彩，白色床头靠背把两边白色护墙板联系到一起，做了很好的过渡。米灰色的软包与床品的呼应，塑造出卧室的品位，通过床榻以及贵妃榻的蓝色跳跃，更显空间的静谧和优雅高贵。

◎ 柔媚的色彩在卧室中的作用

卧室的色彩以粉色、白色为主调，点缀红色抱枕及饰物，使整个空间看起来更加通透明亮，在白色护墙板的衬托下，更显空间的层次以及优雅气质，可谓是点睛之笔。

软装方案示例（二）

软装风格	简欧风格	项目面积	145 ㎡
设计机构	深圳东方婵韵软装设计	设计师	黄婵 潘菲菲 高嵩嵩

软装解析设计师	**邓方华** 中国十大最具创新设计人物、中国十大最具影响力设计师、全国杰出中青年室内建筑师。十多年来致力于别墅大宅商业空间的室内设计。将美学与科学结合，追求志趣与艺术共鸣，开创了别具一格的美学风格。

软装综述

　　本案在原有大面积白色底色的基础上，搭配黑色、金色、咖啡色、蓝色，并糅合一定量的珍珠白及点缀少量高明度香蕉黄及湖水蓝，整体色调对比强烈，层次鲜明。造型简洁，线条硬朗，高反光表面的重色调家具，搭配对比色的软体沙发、软包靠背椅与皮革铆钉座椅，再采用高明度与纯度的饰品点睛，彰显时尚现代感的同时又不失华美和优雅。

◎ **出彩的布艺搭配**

鹅黄色的大理石砖地面上铺设黑色打底香蕉黄柿子花图案的地毯，既与顶面造型在图案上相协调，又在色彩上形成对比；简洁线条的白色沙发与图案丰富的空间其他元素形成简与繁的对比，黑色抱枕和香蕉黄色搭巾与地毯及其他重色家具形成色彩上的呼应，咖啡色窗帘对色彩对比强烈的空间起到一定的中和作用。

◎ **金银色高反光镜面元素运用**

树叶纹马赛克墙面泛着银光，再配以金边太阳镜装饰，装饰效果强烈炫目，并在一定程度上增大视觉空间感；黑色高反光漆面加金属镀金脚边柜、金属镀金书报篮以及墙面金色边框装饰画形成质感上的呼应。

◎ **丰富绚丽的餐桌陈设**

对于餐厅而言，餐桌上的餐具及装饰物的陈设搭配无疑是至关重要的。黑色桌面上搭配宝石蓝桌旗、色彩强烈明快的香蕉黄餐盘、湖水蓝花艺及水晶烛台，整体对比惊艳醒目，成为餐厅的一道亮点。

◎ **典雅大方的黑色钢琴烤漆描金书桌**

书房是一个体现主人品位和爱好的私密空间，书桌造型的选择在一定程度上体现书房的风格定位，新古典黑色钢琴烤漆描金的书桌款式典雅大方，并且选用重色让整个空间漂浮的色彩趋于平衡。

◎ 酷炫镜面家具

镜面卧室床头柜及电视柜的选用让整个卧室在视觉上显得尤为跳跃，镜面对周边环境图案及色彩
的映像让空间变得十分丰富；整体散发出酷炫的时尚气息。

◎ 充满童话般色彩的空间

床上布艺运用冷色系的迷彩搭配暖色明度极
高的暖橙色，活力四射，地毯选用充满童趣
的卡通湖泊造型，色彩与床上用品相呼应，
连贯而统一。

◎ 高靠背浅蓝色皮革软包床头

蓝色皮革软包床头的选择极为巧妙，在一定
程度上起到了提神醒目的效果，在色彩上与
黄色床品以及花艺之间形成撞色对比，为这
个略显冷感的卧室空间增添暖意。

◎ 精致温馨的花艺

洗手间要打造整洁温馨的氛围，一组精致典
雅的花艺是必不可少的，颜色和谐，与空间
环境相融，搭配得当能起到舒缓心情的作用，
配以金色的毛巾托架，凸显生活的精致品位。

第四节 现代简约风格软装设计

一、现代简约风格软装设计手法

简约主义是从 20 世纪 80 年代中期对复古风潮的叛逆和极简美学的基础上发展起来的，90 年代初期，开始融入室内设计领域。以简洁的表现形式来满足人们对空间环境那种感性的、本能的和理性的需求，这就是现代简约风格。

现代简约风格强调少即是多，舍弃不必要的装饰元素，将设计的元素、色彩、照明、原材料简化到最少的程度，追求时尚和现代的简洁造型、愉悦色彩。现代简约风格在硬装的选材上不再局限于石材、木材、面砖等天然材料，而是将选择范围扩大到金属、涂料、玻璃、塑料以及合成材料，并且夸大材料之间的结构关系。

装修简便、花费较少却能取得理想装饰效果的现代简约风格是年轻业主家庭的首选，这类家居风格对户型要求不高，一般中小户型公寓、平层或复式均可。

◎ 现代简约风格客厅设计

◎ 现代简约风格餐厅设计

二、现代简约风格常用软装元素

1. 家具

现代简约风格的家具通常线条简单，沙发、床、桌子一般都为直线，不带太多曲线，造型简洁，强调功能，富含设计或哲学意味，但不夸张。

2. 布艺

现代简约风格不宜选择花纹过重或是颜色过深的布艺，通常比较适合的是一些浅色并且具有简单大方的图形和线条作为修饰的类型，这样显得更有线条感。

3. 灯具

金属是工业化社会的产物，也是体现现代简约风格最有力的手段，各种不同造型的金属灯，都是现代简约风格的代表元素。

4. 装饰画

现代简约风格家居可以选择抽象图案或者几何图案的挂画，三联画的形式是一个不错的选择。装饰画的颜色和房间的主体颜色相同或接近比较好，颜色不能太复杂，也可以根据自己的喜好选择搭配黑白灰系列线条流畅具有空间感的平面画。

5. 花艺

现代简约风格家居大多选择线条简约，装饰柔美、雅致或苍劲有节奏感的花艺。线条简单呈几何图形的花器是花艺设计造型的首选。色彩以单一色系为主，可高明度、高彩度，但不能太夸张，银、白、灰都是不错的选择。

6. 饰品

现代简约风格家居饰品数量不宜太多，摆件饰品则多采用金属、玻璃或者瓷器材质为主的现代风格工艺品。

◎ 家具

◎ 布艺

◎ 灯具

◎ 装饰画

◎ 花艺

◎ 饰品

三、现代简约风格软装实战运用案例

软装方案示例（一）

软装风格	现代简约风格	项目面积	91 ㎡
设计机构	深圳东方婵韵软装设计	设计师	黄婵 潘菲菲 高嵩嵩
软装解析设计师	**李戈** 中国注册室内设计师，中国建筑装饰协会会员，十年以上专业经验，上海季洛精品设计公司创始人。以构精致设计，筑品位生活为理念，擅长对空间规划和各类软装风格的把握，被多家媒体邀请作为专家嘉宾。		

软装综述

　　本案中通过蓝紫色的抱枕、桌旗，还有紫色花朵等元素色彩的跳跃应用，使得整体空间丰富多彩且不缺乏温馨感，黑白颜色相间的地毯以及颇具抽象艺术的装饰挂画、黑色台灯等更让空间充满活力，不仅不显繁杂，视觉感上更让人眼前一亮，同时彰显空间的优雅气质与品位。

◎ **客厅地毯的视觉冲击力**

地毯在室内空间中广泛运用，跳跃性的色彩或者纹理会使整体空间更具张力且不缺温馨画面，黑白相间的地毯，错落有致的图案及弧形线条在视觉上形成强烈的视觉冲击力，黑色的台灯与沙发上黑色抱枕的协调与呼应，更是展现出设计师对细节的讲究。

◎ **紫色玫瑰的浪漫情怀**

白色皮质沙发彰显高雅品位，紫蓝相间的抱枕点缀其中，衬托出沙发的质感，更是点缀了整个客厅的色彩，让客厅显得既温馨又充满活力。紫色的玫瑰花呼应抱枕的颜色之外，更像是诉说舒适生活的情怀。

◎ **吧椅线条的动感美**

线条动感十足的吧椅，配合现代都市色彩氛围的墙纸、高脚杯、红酒等，充分凸显现代时尚气息。在色块鲜明的空间里面，通过家具线条彰显个性是一种省力且出彩的软装表现方式。

◎ **休闲区凸显轻奢风范**

华丽的水晶吊灯与金属桌腿与在镜子的折射下显得质感十足，层次丰富，给这个休闲区增添现代气息与时尚感，再加入抱枕、凳子以及黑色烛台的点缀，使得整体空间更加协调。

◎ **多彩的儿童世界**

白色为主、蓝色点缀的儿童房间充满温馨与活泼的气息，色彩缤纷的挂画、蓝白色的床幔、独特别致的造型椅子以及夺人眼球的气球图案地毯，共同打造出一个多彩的儿童乐园。

◎ 酒红色床旗的点缀

由素色条纹墙纸包围的卧室空间，简约清新且释放着时代气息。为了打破色彩的单调感，设计师运用酒红色床旗的点缀，丰富了卧室色彩的同时更增添了温馨感觉，同时更彰显出主人的生活品位与浪漫情怀。

◎ 镜子折射的低调奢华感

梳妆台的设计富有现代感，线条简洁，纯洁美丽。从窗户照射进来的光线洒在精致并布满水晶钻的镜子上，结合床品以及皮质梳妆凳的质感，给空间注入几分低调的奢华感。

◎ 灵动装饰画在卧室中的阐释

主卧整体色彩并不多，主体色是白色，但是点缀带有舞姿画面的黑白灰较为鲜明的装饰挂画，就足以让整体空间彰显出不一样的灵动感觉，同时更富有艺术气质。床品的黑色线条框与装饰画的边框相呼应，既饱含现代气息，更让整体空间层次鲜明，动感丰富。

◎ 蝴蝶壁饰"散发"出芬芳

纯粹色彩的空间总是让人向往性情的体现，娇媚的抱枕是最好的点缀，在灰白色调的空间里注入咖啡色以及紫色，使卧室变得更雅致大气，增添了几分浪漫气息；床头背景墙上巧妙悬挂金色的蝴蝶壁饰，增强了整体空间的层次感，同时散发出非凡的品位与迷人的芬芳。

软装方案示例（二）

软装风格	现代简约风格	项目面积	235 ㎡
设计机构	广州市联智造营装饰设计	设计师	叶颢坚

软装解析设计师	**李戈** 中国注册室内设计师，中国建筑装饰协会会员，十年以上专业经验，上海季洛精品设计公司创始人。以构精致设计，筑品位生活为理念，擅长对空间规划和各类软装风格的把握，被多家媒体邀请作为专家嘉宾。

软装综述

　　现代都市家庭空间紧凑，但人的本性总是希望拥有尺度舒适、怡神悦目的居所。本案设计上通过对原建筑大刀阔斧的改造，以简洁整齐的线条将空间作多变有序的划分，使各个功能空间更加宽敞方正。以滑动趟门、玻璃屏风等元素，令公共区更灵活多变，富有层次感。在空间的整体色调控制中，不同材质颜色保持轻度对比，营造柔和洁净的感受。而家具及摆设的颜色点缀则使气氛展现一种温文尔雅的活跃。

◎ **客厅落地纱帘表现朦胧美**
客厅的两面落地窗户让整个空间自然采光达到最大化，在色调淡雅且散发着静谧气息的空间里，搭配素色纱帘既能让整体更协调，同时也在不影响采光的情况下增加了私密性，从而达到更好的装饰效果与使用目的。

◎ 立体造型的玄关柜

此处的玄关以简练的几何色块构成，深色软包背景与立体感较强的玄关柜形成有致的错落，增加进门处的层次感。银杏叶雕塑的动势引导客人进入新的空间，同时配合白色烛台的点缀，彰显高雅的艺术气息。

◎ 组合吊灯的点睛作用

餐厅延续了比较单一的色彩，采用黑灰色与木纹的结合，给人一种清雅感。顶部的组合吊灯是空间的点睛之笔，闪亮的玻璃吊灯在凸显现代风格的同时，还提升了空间的品质。

◎ 艺术摆件与电视背景墙的完美结合

意大利蓝金砂石头拥有低调浪漫的纹理，大幅对拼的石材使空间宁静而高雅。黑、灰、蓝灰色系结合自然光的穿插与对比，显得雅致、洁净、明亮。电视背景墙融入匠心独运的木雕摆件，渲染出艺术气息。

◎ 抱枕的点缀带来轻松感

休闲空间与餐厅处于同一个空间之中，通过玻璃趟门及隐藏折叠门的分隔，原来属于鸡肋的死角成了HiFi发烧友的私属天地，同时也使餐厅空间得以延伸拓展。休闲椅与休闲地毯，还有抱枕之间的点缀和组合，打造出这一片小区域的休闲氛围以及轻松气息。

◎ 艺术造型吊灯与楼梯的结合

楼梯的造型和材质充满了现代时尚气息，木质扶手结合钢化玻璃，再搭配艺术造型吊灯，通过镜子的折射相互辉映，呈现出不一样的现代奢华感与高雅气质。

◎ 壁饰造型体现主人爱好

在一个灰色与木色为主的卧室空间中，床头背景墙上颜色各异的壁饰让人眼前一亮，既能起到活跃空间氛围的作用，又能在造型上反映出小主人对运动的热爱，很好地体现出空间的主题。

◎ 不同材质的摆件组合

书房背景使用错拼的几何图框进行组合，让人感受到现代风格的精致与时尚，不同材质的精美装饰摆件搭配在一起，丝毫不显凌乱，且能很好地彰显出书房的宁静和谐与优雅气质。

◎ 曲线优美的墙纸在空间中释放动感

卧室墙面铺贴曲线优美的的墙纸，既增加卧室空间的层次感，更给整个床头背景带来强烈的视觉冲击力，又运用花纹图案动感十足的抱枕与之相呼应，形成一幅很具时代气息的画面。

◎ 运用大量镜面扩充视觉空间感

洗手台与坐便器边大面积的镜子相互反射，使卫浴间在视觉空间上得到无限延伸。在这个充满强烈的视觉张力的空间中，添加几盆寓情于景的绿色小植物别有一番意境，给冰冷的卫浴空间增添朝气与生机。

◎ 露台上的户外沙发组合

现代都市的居家生活中，露台是唯一与大自然亲密接触的空间，也是主人一家饭后放松休闲的好去处。户外沙发的组合搭配墨绿色遮阳伞，充满现代气息的同时体现了主人对休闲生活的追求与热爱。

第五节 现代时尚风格软装设计

一、现代时尚风格软装设计手法

现代时尚风格是工业社会的产物，起源于 20 世纪初期的包豪斯学派。现代时尚风格家居一向都是以简约精致著称，尽量使用新型材料和工艺做法，追求个性的空间形式和结构特点。

现代时尚风格的特点是对于结构或机械组织的暴露，如把室内水管、风管暴露在外，或使用透明的、裸露机械零件的家用电器。多使用不锈钢、大理石、玻璃或人造材质等工业性较强的材质，及强调科技感的未来空间感的元素。可以选用传统的木质、皮质等市场上占据主流的家具，但可以更多地出现现代工业化生产的新材质家具，如铝、碳纤维、塑料、高密度玻璃等材料制造的家具。在功能上强调现代居室的视听功能或自动化设施，家用电器为主要陈设，构件节点精致、细巧，室内艺术品均为抽象艺术风格。

◎ 现代时尚风格客厅设计

◎ 现代时尚风格书房设计

二、现代时尚风格常用软装元素

1. 家具

用塑料制成、看上去轻松自由坐起来又舒服的桌椅；造型棱角分明、毫不拖沓的皮质沙发组合；造型独特、可调节靠背提供多种不同放松姿势的躺椅等。这些亮眼的家具如果能和相对单调、静态的居室空间相融合，可以搭配出流行时尚的装饰效果。

2. 灯具

多搭配以几何图形、不规则图形的现代灯，要求设计创意十足，具有时代艺术感。白色、黑色、金属色居多。现代风格强调光环境的概念。在家居设计中，灯的外形设计可能并不能引起人的注意，而当天黑下来时，灯光的组合设计营造出来的特殊环境空间感，却可以给人很多联想的空间。

3. 窗帘

现代时尚风格要体现简洁、明快的特点，在选择窗帘时可选用纯布棉、麻、丝等材质，保证窗帘自然垂地的感觉。窗帘的颜色可以比较跳跃，但一定不要选择花较多的图案，以免破坏整体感觉，可以考虑选择条状图案。

4. 床品

现代时尚风格的床品款式简洁，色彩方面以简洁、纯粹的黑、白、灰和原色为主，不再过多地强调传统欧式或者中式床品的复杂工艺和图案设计，有的只是一种简单的回归。

5. 饰品

现代时尚风格家居在工艺饰品的选配上，突出时尚新奇的设计，色彩明快、现代感强。

◎ 家具

◎ 灯具

◎ 窗帘

◎ 床品

◎ 饰品

三、现代时尚风格软装实战运用案例

软装方案示例（ 一 ）

软装风格	现代时尚风格	项目面积	82 ㎡
设计机构	北京王凤波装饰设计机构	设计师	张晨亮
软装解析设计师	**邓方华** 中国十大最具创新设计人物、中国十大最具影响力设计师、全国杰出中青年室内建筑师。十多年来致力于别墅大宅商业空间的室内设计；将美学与科学结合，追求志趣与艺术共鸣，开创了别具一格的美学风格。		

软装综述

　　波普风格是 20 世纪六七十年代，在欧美广泛流行的一种装饰风格。本案设计师从波普风格当中，提取出独特的装饰元素，赋予了空间更多的创意性。英国国旗图案是波普艺术的标志性符号之一，是朋克文化的时尚潮流产物。在这个空间中，米字旗符号被不断重复，各种颜色、大小的米字旗出现在墙面、家具以及各类装饰品上，成为空间的主题元素之一。

◎ **色彩丰富的客餐厅空间**

客厅色彩丰富，背景墙上有序排列的圆形图案夺人眼球，衬托出真皮沙发的质感；米字旗元素在空间中无处不在，米字旗图案的茶几与各种饰物搭配有序，现代风格中穿插着流行的英伦风格。

整个空间营造出了英伦风尚的氛围。边角凳
也运用了英国国旗图案的装饰，以其大胆的
外观展示了新式折中主义的优雅。墙面不规
则排列的装饰画凸显出整个空间的不拘一
格，选用马赛的设计雕塑体现了居家主人对
艺术的尊敬与崇拜。

◎ 艳丽色彩的撞色手法

热情浓烈的红餐桌色瞬间让居室变的鲜明个性，时尚感十足。红色的餐椅搭配黑色的边框更加沉
稳、自然。墙面绚丽的装饰柜子及小巧的装饰摆件，更加凸显活泼可爱的个性。选用橙色的花朵
使视线聚集在餐桌之上的同时还有助于增进食欲。

◎ 生动的蓝色线条使得空间更加活跃

蓝白色的色彩搭配成为整个卧室的焦点，在一系列单色的布置中添加一点具有色彩感的软饰是一个不错的选择；
床头柜与休闲沙发、地毯等相互呼应，延续了米字旗图案的元素；错落有致的字母造型使得整个床头背景更有活力。

◎ **深蓝色调的休憩空间**

以蓝色为主色调的休憩空间，是一种高雅而又省力的室内色彩处理手法，典雅红色的桌子，黑色的案台，还有马赛的设计雕塑，加上花朵形的储物花格和微妙的光影效果，给人带来丰富而细腻的审美感受。

◎ **蕴含创意并温馨浪漫的卫浴空间**

黑色和黄色搭配的墙砖与地面黑色大理石融为一体，呈现出较强的立体感，跳跃的色彩使得卫浴间个性又不失时尚气息。白色的浴缸与台盆看似简洁，实则蕴含了设计师的用心搭配。

◎ **温馨舒适既有浪漫的栖息一角**

家中独有一处的飘窗，不但可以享受充足的室内光线，还可以饱览室外秀美景观，打造飘窗更注重体现温馨宁静。艳丽的红色台桌给这个角落带来温暖感，并且与蓝色的榻垫形成撞色，制造视觉冲突，桌上的烛台与紫色花朵作为点缀色，赋予空间浪漫气息。

◎ **色彩绚丽的家具搭配**

形式多变的门板造型加上丰富的颜色，使空间的一个角落跳跃式地进入人的眼帘，看似杂乱的储物箱通过错落的摆放起到画龙点睛的效果。墙上的壁饰、柜子上的绿色盆景、地面上黑色的衣架以及白色的雕塑一起提升了整个空间的品质，时尚具有内涵。

◎ **墙面装饰画制造亮点**

大胆运用长条形的复古瓷砖，使狭小洗手间的空间感更加强烈，同时也有着拉伸视觉高度的作用。墙面的装饰画营造出强烈的视觉冲击感，让卫浴空间变得活泼起来，一束鲜红的玫瑰使空气中弥漫着花香，心情也会不自觉地好起来。

软装方案示例（二）

软装风格	现代时尚风格	项目面积	260 ㎡
设计机构	Studio.Y 余颢凌设计工作室	设计师	杨超 张译丹

软装解析设计师 **李戈** 中国注册室内设计师，中国建筑装饰协会会员，十年以上专业经验，上海季洛精品设计公司创始人。以"构精致设计，筑品位生活"为理念，擅长对空间规划和各类软装风格的把握，被多家媒体邀请作为专家嘉宾。

软装综述

　　立身时尚行业的夫妻二人，酷爱摩登亮丽的一切风尚元素。时尚的精髓，大抵就是从潮流精髓中抽丝剥茧，萃取本质和真义，不仅是一季换一季的潮流单品，也不单单是某一种风格化，而是拥有自我的独特审美和品味。整个案例以黑白金为主色调，加入业主酷爱的黄蓝撞色，以及极富艺术感的特别装饰，譬如进门玄关处，巧妙地用一条 Hermès 丝巾装裱成一幅绝佳挂画，无疑是对时尚对经典的致敬。加之出自著名艺术家瞿广慈之手的稀奇艺术系列《最天使——乾》，让这个空间颇为亮眼，更是设计师的独具匠心之处。

◎ **高光金属茶几成为客厅主角**

在色彩丰富的客厅空间中，除了黄色、蓝色和黑色等各种颜色相互争艳之外，金属质感的金色茶几形成较强的视觉冲击力，配合图案动感十足的地毯，彰显出非常时尚的优雅气质。

◎ **现代艺术气息的吊灯**
顶面造型不规则的吊灯带来的是后现代光阴艺术，与拼花地面上下呼应，给这个小空间增添个性色彩。玻璃、闪耀着炫目光泽的金属材料，三三两两地点缀于细节之中，这些材质不仅可以让人感受到一丝冰凉的气息，也让整个家居风格充满了现代感。

◎ **深蓝色的高贵涌现**
深蓝色的墙纸结合白色画框的异域风情装饰画，通过台灯的映射显得光影婆娑，透露出高贵且神秘的艺术美感；银色艺术饰品的造型宛如一根苍劲有力的树干，托起这一片景致，给空间带来美好的寓意。

◎ **造型别致的餐椅也是亮点**
弯曲造型的高靠背椅加上金色描边的椅腿，充分体现了曲线的柔美，结合黑色吊灯造型，既体现了现代感，又透露出几分古典气息；蓝色桌旗鲜艳夺目，与背景墙上的抽象挂画形成色彩上的呼应。

◎ 造型别致的钓鱼灯

客餐厅的单品几乎全部采用或弧形或圆形或曲线的造型家具，线条元素在这个区域一眼可见，平行的、飘逸的、硬朗的，以及组合的……纵横交织，形成别具一格的空间摩登感。粗犷且极具力量感的落地灯也是业主极为喜欢的。

◎ 别致的边柜把手成为亮点

黄色的柜门结合造型别致且充满设计感的把手，除了与整体风格相呼应之外，表达出空间的优雅气质；四面带框银镜有效放大了室内视觉空间，两侧的壁灯与台面上的摆件在造型上具有异曲同工之妙。

◎ 几何软包背景展现的阳刚之美

造型大小各异，位置错落有序的软包靠背成为卧室的视觉焦点，展现阳刚之美的同时增强墙面的立体感，左右两侧的床头柜延续客厅茶几的款式，线条简洁且造型个性鲜明，呈现出现代风格的优雅和艺术气息。

◎ 复古腰线的分割让空间更有层次

由于孩子的性格很温顺，儿童房特意营造了较为宁静的氛围。将蓝天、海洋、帆船的地中海蔚蓝海岸元素融入房间，米色条纹与充满古典意韵的腰线增加了墙面的层次感，颜色各异的抱枕增加了活泼气息。

◎ 调色的活力

空间采用黄色与蓝色的组合搭配，结合蓝白相间的床单做点缀，色彩清新，张扬着青春活力的同时且不失童趣；黄色抱枕与远处斜角对称的门板相呼应，跳跃的颜色凸显空间的张力。

第六节 法式风格软装设计

一、法式风格软装设计手法

法式风格装饰题材多以自然植物为主，使用变化丰富的卷草纹样、蚌壳般的曲线、舒卷缠绕着的蔷薇和弯曲的棕榈。为了更接近自然，一般尽量避免使用水平的直线，而用多变的曲线和涡卷形象，它们的构图不是完全对称，每一条边和角都可能是不对称的，变化极为丰富，令人眼花缭乱，有自然主义倾向。优雅、舒适、安逸是法式家居风格的内在气质。其中法式宫廷风格追求极致的装饰，在雕花、贴金箔、手绘上力求精益求精，

或粉红，或粉白，或灰蓝色的色彩，搭配漆金的堆砌小雕花，充满贵族气质；法式田园风格摒弃奢华繁复，但保留了纤细美好的曲线，搭配鲜花、饰品和布艺，天然又不失装饰。轻法式风格继承了传统法式家具的苗条身段，无论是柜体、沙发还是床的腿部都呈轻微弧度，轻盈雅致；粉色系、香槟色、奶白色以及独特的灰蓝色等浅淡的主题色美丽细致，局部点睛的精致雕花，加上时尚感十足的印花图纹，充满浓浓的女性特质。

◎ 法式风格客厅设计

◎ 法式风格餐厅设计

◎ 家具

◎ 窗帘

◎ 地毯

◎ 灯具

二、法式风格常用软装元素

1. 家具

法式风格家具很多表面略带雕花，配合扶手和椅腿的弧形曲度，显得更加优雅矜贵。在用料上，法式风格家具一直沿用樱桃木，极少使用其他木材。

2. 窗帘

法式风格一般会选用对比较明显的绿、灰、蓝等色调的窗帘，在造型上也比较复杂，透露出浓郁的复古风情。此外，除了熟悉的法国公鸡、薰衣草、向日葵等标志性图案，橄榄树和蝉的图案普遍被印上了桌布、窗帘、沙发靠垫。

3. 地毯

法式风格的地毯最好选择色彩相对淡雅的图案，过于花哨会与法式所追求的浪漫宁静氛围相冲突。

4. 挂画

法式装饰画通常采用油画的材质，以著名的历史人物为设计灵感，再加上精雕的金属外框，使得整幅装饰画兼具古典美与高贵感。此外也可以将装饰画采用花卉的形式表现出来，表现出极为灵动的生命气息。法式装饰画从款式上可以分为油画彩绘或是素描，两者都能展现出法式格调，素描的装饰画一般以单纯的白色为底色，而油画的色彩则需要浓郁一些。

5. 灯具

法式装修风格以复杂的造型著称，像吊灯、壁灯以及台灯等，都可以洛可可风格为主，搭配整体环境，清淡幽雅且显高贵气质，成为装饰的点睛之笔。

◎ 挂画

三、法式风格软装实战运用案例

软装方案示例（一）

软装风格	法式风格	项目面积	280 ㎡
设计机构	上海印象设计	设计师	陆阳
软装解析设计师	**李浪** 独立室内设计师，2013 年创立 Dreammaker 居美刻空间设计工作室，坚持深度沟通和个性化原创定制设计，相信每一个作品在不同风格的基础上能延伸出更多的内涵。杂志专栏约稿专家设计师。		

软装综述

　　如果说，厚重华丽的欧式风格是别墅等大空间的第一选择，那么清新自然又不失古典韵味的法式混搭无疑是小空间中最具品质的选择。设计师用经典耐看的硬装和家具线条作搭配，展现欧洲风格的大气，在颜色上做了减法，并加入了一些潮流的工业风格。这是一个充满着对欧式元素的多重细腻解读的美好空间，每一个细节都在说着它的故事。

◎ **抽象装饰画运用**

客厅中抽象装饰画的运用展现了设计师的巧思，符合法式混搭空间的主体，精致而不厚重，相比那些具象的人物、景观更加有现代感和设计感。同时橙色装饰画和紫色搭巾在同一个饱和度上，打造了客厅视觉的焦点，也衬托了客厅区域浅色调的家具，对比色运用也彰显对细节的把握。

◎ 简约版欧式背景

有时不一定需要模仿欧式建筑的所有内容，简约化的欧式线条让空间有一种新鲜的现代感。墙面由传统的回形纹路演变为横线条的设计，后期的家具搭配由于前期的简化也能够有更多种的可能，华贵风格的大理石只在局部使用，色系也较为统一不突兀。

◎ 金色挂镜点缀

轻复古的法式混搭空间并没有随波逐流，它用自己独特的视角展现了别致而又潇洒的一面，让它褪去了欧式风格的浮华，只有一些金色边线饰品的点缀。金色哑光装饰镜的加入，不仅本身能够增加空间的层次，而且它的质感也有一种低调而奢华的美。

◎ 充满质朴气息的家具

次卧的风格更加乡村和朴素，老虎椅的质感也从灰白做旧转变成了浅棕原木色，床头的质感也从白色木质转变到了棉麻的卡其色，人工的痕迹更少，只保留原始风味的家具，相比其他卧室会更加有回归本真的感觉。墙面依然采用的是墙纸与纯色的对比，通过线条来做造型。

◎ **材质对比的吊顶设计**

相比于传统风格中重复的线条和雕花元素，本案大多时候采用的是线条与颜色的对比和碰撞。这个卧室中弱化了吊顶，只保留必要部分，留出更多空间，墙面采用了图案墙纸与顶面木纹材质的大面积对比，层次丰富且不拖沓。

◎ **木质与铁艺的碰撞**

前期在硬装上做了减法，在软装上却沿袭了法式风格的精致。走廊的吊灯由黑色铁艺与金色相结合的锥形灯筒组成，白色的装饰柜搭配铁艺五金拉手，精致中带着一丝不经意的复古感觉，正好与美式复古的元素相融合。

◎ **个性单品的加入**

由于颜色上大多采用奶白、米白、浅灰、木色等色调，显得比较淡雅，后期加入了一些工业元素的金属细节，例如书桌是带有工业风格的，意味着在阁楼空间可以更加随性和休闲，工业元素的加入融合而不冲突，空间整体感觉轻松自然。

◎ 原木单品制造亮点

卧室中灰白色做旧的双人床与原木感的梳妆椅搭配，再用浅蓝色系的法式风情墙纸来衬托纯净的灰白色系家具，不会显得过于繁杂，流露出温馨自然的感觉，如同主人向往贵族般的优雅生活，又富有深层的文化底蕴。

◎ 墙砖拼色铺贴

卫生间的设计与整体统一，墙面和镜框的部分以蓝色边框做点缀，复古风格的瓷砖与乳胶墙面大面积作对比，搭配白色的浴室柜套装，看上去是不同的两个材质，但在选择的时候也要注意浅卡其、灰色与蓝色三个颜色搭配的比例和形式，要与其他空间的软装进行很好的呼应。

◎ 瓷砖拼花铺贴

卫浴间淋浴部分的吊顶设计别出心裁，独具新意；浴室的墙面采用与卫浴间同色系的瓷砖铺贴，蓝色比例更大，瓷砖搭配方式也更加丰富，由双色拼贴的方法过渡到了拼花与马赛克相结合，更显浴室空间的优雅气氛。

软装方案示例（二）

软装风格	法式风格	项目面积	246 m²
设计机构	新城控股集团	设计师	朱迎松
软装解析设计师	**蔡鹤群** 近十年室内设计工作经验，其中有五年地产样板房和会所软装设计经验，中国建筑学会室内设计分会会员。提倡要将空间，功能和人文三者相结合的设计理念。热爱生活，享受设计。擅长美式、现代、欧式等设计风格。		

软装综述

　　本案散发着浓郁的法式装饰主义气息，复古的同时彰显贵族气质，让人倍感舒适优雅。设计师在法式风格家具的基础上，反复使用了金、蓝、红三种经典颜色的布艺、装饰画等软饰，同时在色相、明度、材质和造型的多重维度上创造变化，使得空间中产生了很多富有变化的细节，非常耐人寻味。

◎ **家具布艺面料的变化**

成套的沙发、餐桌椅等家具固然在风格上十分统一，但如果在保持主体家具不变的基础上，使配套的单个家具在面料、造型和颜色等几个方面发生变化，这种搭配的方式就会突破常规，表现出活力与动感的装饰效果。

◎ 营造氛围的地毯

在起居室的空间中，放置一张图案精美、做工细腻的地毯，对于空间的地面具有很强的装饰作用。地毯上的颜色可以和主体家具的颜色相互呼应，达到协调之感。同时，其他的颜色和纹样又可以作为点缀和延伸，丰富空间的装饰细节，比单一家具组合更能营造浓郁的风格韵味。

◎ 餐厅中妙用装饰镜

餐厅的装饰墙面上，除了常用的装饰画、挂盘等元素之外，还可以考虑采用镜子来点缀墙面。一是采用同种风格的镜框来呼应整体；二是镜面对于空间有一定的延伸感，可以扩大视觉空间；三是镜子对着餐厅，也具有招财的寓意。

◎ 混搭创造趣味点

在整体以法式风格为主体的空间中，局部的端景柜采用装饰主义的风格，在保持金色呼应的前提下，显得与整体之间更加突出，起到活跃局部气氛，增加趣味性的效果。

◎ 意象形的家具突出区域功能

在亲子活动空间中，设计师特意将模仿动植物造型的椅子搭配其他的常规桌椅，突出了该区域的功能定位，让空间的使用者一目了然，明白用意。

◎ **窗帘紧跟室内整体装饰风格**

窗帘在家居空间中占有较大的视觉感受面积，其本身带有的颜色、图案、造型等元素对空间效果具有很强的渲染性。因此，在挑选窗帘时，要特别注意三个元素对整体的影响，尽量采用与空间风格统一的式样，以免过于突兀后破坏空间效果。

◎ **多种抱枕的混用要考虑放置方式**

不同的抱枕相互堆放可以营造区域氛围，但是不同颜色倾向和图案的抱枕在混用时，特别要注意相互间颜色和图案等因素的搭配。设计上常用主次色调和对比跳跃色调的手法来稳定相互间的色彩关系，同时，在图案和造型上也讲究差异化搭配。

◎ **窗帘的色彩强化空间定位**

在琴房空间中，设计师在不破坏整体空间的白色主基调的情况下，特意将蓝色窗帘的明度下调，同时镶上金边，不但稳住了空间的重心，同时呼应了整体法式风格的定位。

◎ **摆放绿植的大小有讲究**

要考虑根据空间特性来选择绿植的大小体量；在空间相对空旷的情况下，可以采用体量较大的绿植，产成大面积的遮盖感。而在装饰度丰富的空间中，就要选择小巧精致的形态来点缀，切忌喧宾夺主。

◎ 毛毯软化卫浴间的刚硬

卫浴间因功能需要，大多铺贴大理石或者墙砖，从而表现出很刚硬的感觉，这时可以采用毛毯类的软性材料来装饰空间。不但可以增加柔软度，化解刚性，同时舒适的毛毯也可以起到防滑的作用。

◎ 桌面摆饰讲究构图稳定

桌面的摆饰经常会有多种饰品来组合呈现。在不同类别的物件摆设上，要注重摆放位置的构图关系。例如三角形、S形等不同方式的摆放，会使桌面形成不同的装饰效果，但首要前提是构图必须要稳定，这样才能形成协调的感觉，否则看上去就会很乱。

◎ 巧用床尾凳

在空间较大的别墅卧室中，可以采用床尾凳来搭配整体的空间效果。首先，床尾凳具有较强的装饰性，可以作为主体基调的一种拓展；其次，床尾凳可以防止睡觉时被子的滑落，同时也可以放置衣物，方便使用者起床后更换；再者，作为有些体量感的单件，也可以填充空间，使得饱满度更强。

◎ 软装饰品色彩互相呼应

墙面装饰画的金色画框，红色人物图案与金色的床靠背边框以及抱枕等元素在空间中相互呼应，形成了一个整体。在实际的软饰搭配中，这种方法也很常用，在保持元素间的两两或者多重关联后，将会使空间的整体性更加升华。

◎ 个性化雕刻件墙饰

在卧室背景墙面上，除了常规的画、灯等元素之外，具有典型风格特色的雕刻件也是一件很好的装饰品。这种雕刻件不但做工精美，十分耐看，而且带有浓郁的文化气息，衬托出空间的高雅艺术品位。

第七节 美式乡村风格软装设计

一、美式乡村风格软装设计手法

美式乡村风格主要起源于18世纪各地拓荒者居住的房子，色彩及造型较为含蓄保守，兼具古典主义的优美造型与新古典主义的功能配备，既简洁明快，又温暖舒适。

美式乡村风格似乎天生就适合用来怀旧，它身上的自然、经典还有斑驳老旧的印记，似乎能让时光倒流，让生活慢下来。整个房子一般没有直线出现，拱形的垭口、窗及门，可以营造出田园的舒适和宁静。

仿古砖略为凹凸的砖体表面、不规则的边缝、颜色做旧的处理、斑驳的质感都散发着自然粗犷的气息，和美式乡村风格是天作之合；壁炉是美式乡村风格的主打元素，特别是红砖壁炉，能很好地表现出乡野风情；美式家居中经常运用各种铁艺元素，从铁艺吊灯到铁艺烛台，再到铁艺花架、铁艺相框等；木材更是美式乡村家居一直以来的主要材质，主要有胡桃木、桃心木和枫木等木种。美式乡村风格的家具通常都带有浓烈的大自然韵味，且在细节的雕琢上匠心独运，如优美的床头曲线、床头床尾的柱头及床头柜的弯腿等。

◎ 美式乡村风格卧室设计

◎ 美式乡村风格客厅设计

二、美式乡村风格常用软装元素

1. 家具

美式乡村风格的空间中，往往会使用大量让人感觉笨重且深颜色的实木家具，风格偏向欧式古典。以舒适为设计准则，每一件都透着阳光、青草、露珠的自然味道，仿佛随手拈来，毫不矫情。

2. 灯具

美式乡村风格的灯具材料一般选择比较考究的树脂、铁艺、焊锡、铜、水晶等，常用古铜色、黑色铸铁和铜质为框架，为了突出材质本身的特点，框架本身已成为一种装饰。可以在不同角度下产生不同的光感。

3. 布艺

布艺是美式乡村家居的主要元素，多以本色的棉麻材质为主，上面往往描绘色彩鲜艳、体形较大的花朵图案，看上去充满一种自然和原始的感觉。各种繁复的花卉植物、靓丽的异域风情等图案也很受欢迎，体现了一种舒适和随意。

4. 绿植

为了体现自然闲适，植物是必不可少的。美式乡村风格的空间十分需要绿植的点缀，但尽量要选择无花的清雅植物，可以放置绿萝、散尾葵等常绿植物。

5. 饰品

美式乡村风格家居常用仿古艺术品，如被翻卷边的古旧书籍，动物的金属雕像等，这些饰品搭配起来可以呈现出深邃的文化艺术气息。

6. 装饰画

美式乡村风格家居的油画也以绿色或金黄的田野为佳，切勿让浓重色彩的配饰喧宾夺主，那些色彩艳丽的油画并不适合这里。

◎ 家具

◎ 灯具

◎ 布艺

◎ 花艺

◎ 饰品

◎ 装饰画

三、美式乡村风格软装实战运用案例

软装方案示例（一）

软装风格	美式乡村风格	项目面积	400 ㎡
设计机构	武汉桃弥设计	设计师	李文彬

软装解析设计师	**李浪** 独立室内设计师，2013 年创立 Dreammaker 居美刻空间设计工作室，坚持深度沟通和个性化原创定制设计，相信每一个作品在不同风格的基础上能延伸出更多的内涵。杂志专栏约稿专家设计师。

软装综述

　　复古乡村风格的空间让人感到温暖和放松，当它们遇见光，或许会有更多的火花。复古风并不一直是沉闷，高饱和度亮色系的加入能够让人感受到主人对生活的态度。鲜艳的色彩并无太多使用的禁忌，只要能够和充满质感的风格和家具搭配，就会有意想不到的效果，犹如生活在童话世界的小屋，每个日子都充满着雀跃。

◎ **软硬装和谐搭配**

成套的沙发、餐桌椅等家具固然在风格上十分统一，但如果在保持主体位家具不变的基础上，配套的单个家具在面料、造型和颜色等几个方面发生变化，会使得这种搭配的方式突破常规，表现出活力与动感的装饰效果。

⊙ 明亮的复古风

复古风格的颜色一般饱和度比较低，整体颜色比较暗；加入大红色墙面之后，为空间增添了现代的感觉，只刷一截墙面，留白顶面的处理方式使红色不会过于突兀和让人感觉不适；在大面积使用某种单色墙面的时候，也需重点注意使用的比例问题。同时，家具的选择上也需要与墙面有比较充分的呼应。

⊙ 藤制品搭配木质品

在美式风格中，餐厅会更加注重温馨和生活化的氛围；果绿色的墙面使餐厅非常有活力，餐椅的搭配除了选择有复古风味的木质高背椅以外，还搭配了藤编座椅；木质品和藤制品的结合使得餐桌和墙面一样生动，通过强调手工感来凸显生活品质感，仿佛可以看到一家人的悠闲周末。

⊙ 复古瓷砖拼花代替地毯

有时候如果在客餐厅选择了非常跳跃的色系来增强整体的感觉，那么在需要经常清洁的餐厅可以用同类色系的瓷砖拼成地毯，不仅可以起到装饰的作用，而且不用直接选择颜色很深的地板，就可以使整体沉稳下来。

◎ **墙面与窗帘的统一**

美式风格、欧式风格等传统风格的家具和地面一般来说颜色较为深沉，如果空间不是特别大，容易感觉压抑。使用明亮的奶油黄色就能使空间亮起来，奶油黄色能够衬托出卧室内温馨的气氛，精心选择的田园风窗帘与墙面颜色和谐搭配在一起，拼接一抹芥末绿自然而清爽。

◎ **多功能小单品**

实际上由于人的活动比较集中，公共区域的功能需求也应该是最强的，而且往往还不是单一的功能，一件精美的多功能单品胜过几个生硬的功能家具。这件做工精致的木制品外形优美，镜子和凳子合二为一，放置在房间的墙边，反射由窗户透过来的光线，使得公共区域更加明朗，同时还具有休闲小憩的功能，一举多得。

◎ **特色床头壁画**

有时，大面积的花纹或图案需要谨慎使用，容易造成太夸张或者不耐看的结果。但如果只是把重点放在床头，可以大胆地选择与主体相符的，并且很有视觉冲击力的壁画，不仅让房间变得更加活泼，也是相当美观的床头背景装饰。但需要注意饰品以及家具色彩的和谐搭配，这样才能够使壁画的色彩更好地融入到空间中。

◎ 灵活的工作空间

随着工作和生活的节奏加快，人们的书房逐渐向工作空间靠拢，单一的阅读功能已经不能满足人们的要求。设计上不仅需要保留原有功能，还需要满足基本的工作需求。书柜和工作桌一体的设计能够在装饰墙面的同时，使阅读和工作模式能够随意切换。

◎ 白色与棕色的撞色

如果说棕色系是传统风格中比较常见的颜色搭配的话，那么白色就是它的"咖啡伴侣"了。在开放式厨房中使用白色吧台和吧椅，让人感觉干净整洁，从功能上也与靠墙一排的棕色橱柜做出了区分，同时也从棕色系的空间中跳出来，给人温润自然的感受。

◎ 护墙板装饰

有一些风格的沙发和椅子因为造型上的需要，靠背会比较矮，显得简洁和时尚。在风格不冲突的情况下，不妨在背面加入装饰护墙板，可以与地面保持同色系，也可以和墙面另外搭配。这样不仅对墙面来说增加了层次感，同时也弥补了沙发缺少背景的缺点。同时，线条精致的护墙板与各种风格的装饰品也能够很好地搭配在一起。

软装方案示例（二）

软装风格	美式乡村风格	项目面积	269 ㎡
设计机构	壹陈空间设计	设计师	李小斌
软装解析设计师	**李浪** 独立室内设计师，2013年创立 Dreammaker 居美刻空间设计工作室，坚持深度沟通和个性化原创定制设计，相信每一个作品在不同风格的基础上能延伸出更多的内涵。杂志专栏约稿专家设计师。		

软装综述

　　本案设计师打造的美式家居风格既有文化气息、贵族气质，又不缺乏自在与情调感，这些元素也正迎合了当今城市中坚分子自然纯真的生活追求。浅色调的墙体与黑、暗红、褐色及深色的软装饰品形成有力的视觉冲击，同时映衬出空间的包容性。沉稳粗犷的深色家具，强调厚重与实用性；彰显迷人细节的造型、纹路、雕饰细腻高贵，挥发着亘古而久远的芬芳。

◎ 弧形吧台区

很多美式风格的设计中都会有吧台区域的设置，这不仅是身份的象征，也是实用功能上的需要。吧台与拱门结合的前期设计下，通过铁艺壁灯来营造气氛，使得吧台区域的灯光更加有层次。同时搭配精致的红色印花布艺吧椅，有别于传统全木结构吧椅，增添用餐情调。

◎ 红与绿的奢华

很多人会觉得红和绿的搭配带有一点乡村风格的感觉，其实不仅如此，这对组合也是复古风格中运用得相当多的色彩搭配。在黑色和金色高光材质的对比下，红色羊毛材质和绿色绒棉材质进行着很好的呼应，奢华中透出一丝复古的个性。

在图案款式较为丰富的风格中，有很多软装类别都会用到不同的纹样。首先考虑的是在传统载体上，比如地毯、抱枕、窗帘、花器等。白色手绘茶儿的运用，贯穿了所有的图案，在不同的花色当中脱颖而出，成为卡座区的亮点。

◎ 镜面在卧室内的运用

在公共区域或者较为宽敞的空间，常常可以看到在墙面和顶面上使用大面积镜面的做法，来体现华丽的感觉。在卧室内同样可以使用这样的材质，但是在面积上需要进行调整。床头柜、梳妆台采用镜面加金属材质的结合，能够使空间显得更宽敞，减少因为图案复杂带来的压抑感。

◎ 画品与织物

卧室中的色彩较客厅更为淡雅，搭配上也需要体现出整体风格中奢华的一面。在颜色较为素雅的空间中，需要加强不同软装之间的联系和呼应，使整体色彩更加明显；设计师将台灯、地毯、窗帘和画品统一起来，通过不同材质来表达蓝灰色系，低饱和度的色彩也能出彩。

◎ 小航海家空间

深蓝和深红是航海风格中很经典的色系，作为充满乐趣的儿童空间，要从墙纸和窗帘就开始营造航海风格的气息。在帘头的款式上也选择了类似旗帜的形状；同时在床品、地毯、甚至是家具的颜色上，都要做到高度统一，增加相关卡通人物或者趣味小件的搭配。

◎ 设计合理的衣帽间

衣帽间内物品种类多而杂，如果没有很好地归类以方便拿取，会浪费时间，也影响人的心情；设计师需要很好地考虑到这个以女性使用为主的空间，除了柜体本身应该把常用类目的用品分隔开来以外，应该腾出足够宽敞的台面来放一些经常会使用到的保养品或者化妆品；一字形台面可以做到这一点，加上四个抽屉的设计，更具人性化，好的衣帽间不仅仅是一个使用空间，更是一个美的陈列空间。

◎ 线条与石材的完美结合

浴室在人们的观念中越来越重要，一间浴室的好坏足以看出主人的身份地位。全石材饰面有点太过重复，不如加上一点精致的线条，使立面变得更加耐看；线条与石材的结合一定程度上丰富了浴室的空间层次，同时线条的金色也更好地与家具灯具的颜色搭配到一起。

◎ 个性四柱床

在美式古典风格中，四柱床是非常有代表性的家具；它能够体现当时贵族的奢华品位，又展现精致秀气的柔美感觉；在卧室中加入这样的单品，能够把它与公共区域的气质区分开来，显得更加私密和宁静，选择黑色高光漆的表面处理，既能够和整体古典而华丽的风格相搭，也能体现出个性。

◎ 特色老虎椅

动物纹路和宝石蓝的面料相结合的老虎椅，打破了整体卡其色系的色调。以张扬个性的姿态作为常规家具的补充搭配。同时它的外形和窗帘的线条风格也较为统一，都是采用内部浅色，再用黑色线条勾勒。老虎椅下半部造型与茶几外形也搭配得当。放在整体环境中颇具亮点。

◎ 材质拼接的家具

要体现奢华和古典的氛围，除了在面料、颜色上能够得以实现以外，材质上的对比也是一个很好的切入口。不同材质拼接的家具往往需要更精致的做工，更能够看出主人的品位；两种高光木质面板结合的边柜，颜色上的对比和单人沙发一样鲜明，互相增色不少。

第八节 新古典风格软装设计

一、新古典风格软装设计手法

新古典风格传承了古典风格的文化底蕴、历史美感及艺术气息，同时将繁复的家居装饰凝练得更为简洁精雅，为硬而直的线条配上温婉雅致的软性装饰，将古典美注入简洁实用的现代设计中，使得家居装饰更有灵性。古典主义在材质上一般会采用传统木制材质，用金粉描绘各个细节，运用艳丽大方的色彩，注重线条的搭配以及线条之间的比例关系，令人强烈地感受传统痕迹与浑厚的文化底蕴，但同时摒弃了过往古典主义复杂的肌理和装饰。

新古典风格常用材料包括浮雕线板与饰板、水晶灯 、彩色镜面与明镜、古典墙纸、层次造型天花、罗马柱等。墙面上减掉了复杂的欧式护墙板，使用石膏线勾勒出线框，把护墙板的形式简化到极致。地面经常采用石材拼花，用石材天然的纹理和自然的色彩来修饰人工的痕迹，使奢华和品位的气质毫无保留地流淌。

◎ 新古典风格客厅设计

◎ 新古典风格餐厅设计

二、新古典风格常用软装元素

1. 家具

新古典风格家具摒弃了古典家具过于复杂的装饰，简化了线条。它虽有古典家具的曲线和曲面，但少了古典家具的雕花，又多用现代家具的直线条。新古典的家具类型主要有实木雕花、亮光烤漆、贴金箔或银箔、绒布面料等。

2. 灯具

灯具的选择易以华丽、璀璨的材质为主，如水晶、亮铜等，再加上暖色的光源，达到冷暖相衬的奢华感。

3. 布艺

色调淡雅、纹理丰富、质感舒适的纯麻、精棉、真丝、绒布等天然华贵面料都是新古典风格家居必然之选。窗帘可以选择香槟银、浅咖啡色等，以绒布面料为主，同时在款式上应尽量考虑加双层。

4. 绿植

新古典风格的家居十分注重室内绿化，盛开的花篮、精致的盆景、匍匐的藤蔓可以增加亲和力。

5. 饰品

几幅具有艺术气息的油画，复古的金属色画框，古典样式的烛台，剔透的水晶制品，精致的银制或陶瓷的餐具，包括老式的挂钟、电话和古董，都能为新古典主义的怀旧气氛增色不少。

◎ 家具

◎ 灯具

◎ 绿植

◎ 布艺

◎ 饰品

三、新古典风格软装实战运用案例

软装方案示例（一）

软装风格	新古典风格	项目面积	600 m²
设计机构	国广一叶·铂金翰别墅设计事务所	设计师	唐垄烽
软装解析设计师	**许愿** 倡导并积极实践"一体化整体设计理念"的先行者，主张"让软装设计升华空间的艺术美学"。坚持对美好事物的追求和对设计事业的珍惜。一直倡导以人为本的设计理念，愿意用自己所学的专业帮助到别人。		

软装综述

　　本案选用以优雅、高贵、含蓄、华丽、自然和谐为主的新古典艺术风格。精致的天花吊顶、大面积运用石材提升整个空间的质感、精琢玉石梁柱、大气的挑高壁炉等，配以高贵典雅的欧式造型家具，精致富有气魄。浓烈的蓝调及皮质感更加传达出欧式风格的味道。而各区域里欧式手工沙发线条优美、颜色秀丽，注重面布的配色及对称之美，彰显居者的高贵身份，具有贵族高贵华丽、典雅时尚的气息，让人有一种流连忘返的感觉。

◎ **跳跃的水蓝色元素**

家具的摆放轻松而紧凑，两个长沙发相互对应但色彩各不相同，既严谨又活泼。普鲁士蓝的花瓶在空间里做了色彩补充，让蓝色沙发不显突兀，清爽的水蓝色元素在空间灵活跳跃着，一改古典风格安静沉稳的模样，整个空间也鲜活灵动起来。

◎ 金属铆钉与刺绣的细节

中柱式餐桌在实用与美观中找到了平衡，褐色的皮质欧式餐椅与同色绒面窗帘沉淀了这一空间的整体色调，细节处对于金属铆钉与刺绣的选用，凸显出沉稳华贵的质感。

◎ 挑高落地窗点明主题

高挑深色的落地窗与米色大理石线条让这个空间有着欧式古典庄重与传统的氛围。加入明亮的普鲁士蓝使得空间瞬间被唤醒，打破欧式传统的含蓄。低明度的蓝色地毯融入其中，让高调的蓝色沙发有了很好的衬托，给整体古典的氛围添加了时尚摩登的美感。

◎ 黑色端景台作为进门后第一道景观

玄关区域整体背景色采用了天然象牙白色的大理石作为铺垫，营造出一种温馨明亮的感受；入户正对方向放置了黑色的端景台来作为室内第一道景观，精心挑选的铜质烛台和台灯与蜡烛吊灯形成有趣的对话，一幅金色做旧相框装裱的装饰画强调了空间主题。

◎ 欧式挂画与庞贝椅相得益彰

采用浅蓝色碎花墙纸作为背景色，实木的庞贝椅搭配田园花形布艺来和协调空间，两幅欧式古典器形的装饰挂画给轻盈的墙面增加了视觉中心，黑色的铁艺吸顶灯把复古气质延续到顶面，绿色的吊篮搭配铁艺的花架给空间带来了清新感受。

◎ 床头造型与背景墙的呼应

卧室床头、背景墙与床头柜的色彩由浅入深，丰富了空间的层次感，立体感十足。床头造型巧妙地延伸了背景墙的皇冠形状。卧室内另一端是桌区域，这里配置的豌豆形书桌十分精巧、可爱，整个空间的线条感有了很好延续。绿色休闲椅与窗帘的紫色拼边的对比色运用相得益彰，这需要对细节的把握能力。

◎ 细节堆砌质感

红色的欧式吊灯中和了地板的深沉感，上部空间的色彩重量得到补充；大理石壁炉造型的运用为空间增添了一丝暖意，壁炉内用书籍和饰品装饰恰到好处；靠垫与床旗统一在同一个温馨的色调里，优雅而静谧。

◎ 美式与中式文化的交融

水洗白做旧的温莎椅搭配牛皮斑点图案的坐垫和抱枕将美式的随意和中式的性格形成了鲜明的对比；黑色的铁艺吊灯和墙面的花鸟挂画将整个画面凝聚在了一起，体现出一种东情西韵的感觉。

◎ 中式花鸟墙布的背景

淡蓝色的中式花鸟墙布成为空间的焦点，手绘盛开的兰花、活灵活现的小鸟，给空间增添了浓浓的艺术气息。玄关桌上摆放的相框、书本、台灯构成了三角构图，整体统一协调。

◎ 深红色休闲椅活跃空间

楼梯过道划分出一个阅读区域，墙面墙纸延伸了玄关的图形设计元素。休闲椅张扬的深红色的搭配打破常规，充满活力的色彩感受，让气氛都变得跳跃起来；书桌与护栏延伸空间里的金色，不多不少，恰到好处。

◎ 次卧应用法式风格元素

次卧的印花墙纸是设计的亮点，将优美的法式田园的自然元素引入这里。家具选择了法式风格的水洗白工艺，整个格调变得柔美自然，增添了几许精致与浪漫。紫色拼边的印花窗帘，将主卧室设计元素延伸到了次卧室，整体统一协调。

◎ 窗帘增添韵味

窗帘的分割方式处理得十分合理，没有选择常见的两扇对开的形式，灵活地化解了三扇窗狭窄间隔之间的装饰问题；花鸟图案的刺绣靠包与雍容华贵的牡丹花纹饰缎帘为书房增添了一抹韵味。

◎ 浴室中摆放装饰画

浴缸处的装饰画采用了重点照明的手法来将艺术品主体突出，窗户的百叶帘在保证私密性的同时让室内的自然采光不受影响，一株闲散的小黄花植物给空间注入了活力和生机。

软装方案示例（二）

软装风格	新古典风格	项目面积	470 ㎡
设计机构	中合深美装饰工程设计	设计师	郭小雨　郭艺葳
软装解析设计师	**许愿** 倡导并积极实践"一体化整体设计理念"的先行者，主张"让软装设计升华空间的艺术美学"。坚持对美好事物的追求和对设计事业的珍惜。一直倡导以人为本的设计理念，愿意用自己所学的专业帮助到别人。		

软装综述

　　本案设计以位于伦敦公园街的洲际酒店皇家套房为参照，创作灵感来源于英国女王伊丽莎白二世，呈现了一个兼具规则、豪华与优雅格调的别墅空间。一处居所，亦是一种生活方式。室内的空间布局一气呵成，氛围和谐统一，在借鉴了西方当代生活方式的空间里，设计师将既有奢华欧式古典雕花的端景台，又有东方婉约意境的装饰画融入其中，恰到好处。色彩上大面积的咖啡色软包点缀爵士蓝，赋予空间温文尔雅的气质、绅士般的大度。坐据于此，眺望远处秀丽风景、翻一页书、品一杯咖啡就拥有胜过千言万语的释然。

◎ **软装体现英式的优雅与精致**

欧式的家具更显尊贵，而中式的装饰更有韵味，两者相融合更彰显出设计的精致与品位。随处安放的欧式风格摆件、挂画、墙面装饰镜经过色彩和线条处理后，与经典的拼花地毯相呼应，英式的优雅与精致在所有的细节上的用心显得更加到位，气韵自然流转。

◎ **方圆形状的运用**

地下一层为家庭室、品酒区和 SPA 区。家庭室墙面整体设计较为简约，然而软装撞色装饰令空间表现出英式贵族的华贵典雅，顶面方形水晶吊灯与圆儿的结合，引入了中式特有的意味。镜面与金属交陈的剔透空间，在曼妙光影的水晶吊灯的映射下，备显奢华雅致。

◎ **中式纹样元素**

新风口的设计与酒柜的柜门都采用了中式的镂空纹样，却在材质与色彩上大做文章，既包含了古典风格的文化底蕴，也体现了现代流行的时尚元素，是复古与潮流的完美融合。

◎ **装饰画吸引眼球**

墙上的装饰画成功吸引眼球，明艳的红色点亮了整个空间，恰是设计的巧妙之处。书架用简朴的白色烘托出装饰画的绚丽多姿，而实木桌又与沙发的颜色相呼应，整个房间颜色跳动幅度较大，但却又相互呼应。

◎ 圆桌配合圆形地毯

餐厅放置圆形餐桌，设计以黄色、深咖啡色及哑金为主色调，以紫色及木色作为点缀，加上少量金属质感的介入，提升了整个空间气质；风格化的铜质吊灯与地毯交相辉映，实木餐桌与紫色绒面餐椅完美融合，制作出主人日常精致的生活场景，独具匠心。

◎ 金色与黄色的应用

金色、黄色是欧式风格中常见的主色调，少量白色糅合，使色彩看起来明亮；墙上带有中式纹样的装饰画运用展现了设计师的巧思。厚重的床头柜与纤细的支架看似格格不入，其实却是相辅相成的。

◎ 金碧辉煌的卫浴空间

卫浴间把金色的基调延续其中，柔和的灯光映衬着每一处角落，金箔吊顶完美展现了新古典风格的华美气质；除了居中摆设的圆形浴缸之外，小巧别致的对称式壁灯与曲线优美的台盆柜柜脚也具有浓重的贵族气息。

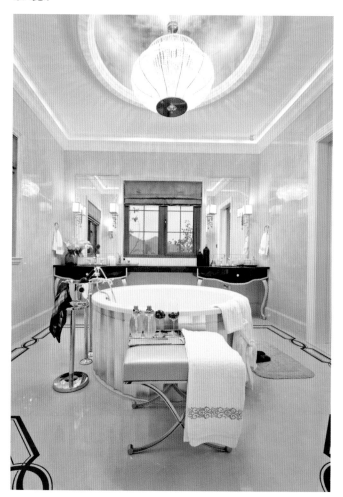

◎ 床品的色彩与地毯呼应

几何线条和抽象画点亮次卧空间，床品的颜色与地毯的相互呼应，淡紫色丝绸的质感描绘纯真且浪漫的空间感受，白色的点缀体现出神圣而又高洁的感觉。驼色的床前凳又让卧室的颜色不那么单调，黑色刻金边的床头柜给人一种高端大气的贵族气息。

◎ 红色鲜花起到点睛作用

一幅画、一盆花甚至是一个抱枕都有可能成为这个空间的点睛之笔。白色的窗幔显得清逸灵动，摇曳的红色鲜花又为房间增添了张扬之感。金色的梳妆台与画的颜色相呼应，给人一种高端大气之感。

◎ 青花瓷色彩与仕女图

SPA区是主人的放松之地，素雅的米色调中加入冷静的黑色与咖色，点缀青花瓷色彩和仕女图，空间中泛着点点当代东方之美。即使是最私密的空间也要把握设计的细节，根雕式的化妆台恰恰体现了这一点。

第九节 东南亚风格软装设计

一、东南亚风格软装设计手法

东南亚风格的特点是色泽鲜艳、崇尚手工，自然温馨中不失热情华丽，通过细节和软装来演绎原始自然的热带风情。相比其他装饰风格，东南亚风格在发展中不断融合和吸收不同东南亚国家的特色，极具热带民族原始岛屿风情。

东南亚风格家居崇尚自然，木材、藤、竹等材质成为装饰首选。大部分的东南亚家具采用两种以上材料混合编织而成。藤条与木片、藤条与竹条，材料之间的宽、窄、深、浅，形成有趣的对比。工艺上以纯手工编织或打磨为主，完全不带一丝工业化的痕迹。古朴的藤艺家具、搭配葱郁的绿化，是常见的表现东南亚风格的手法。由于东南亚气候多闷热潮湿，所以在软装上要用夸张艳丽的色彩打破视觉的沉闷。香艳浓烈的色彩被运用在布艺家具上，如床帏处的帐幕、窗台的纱幔等。在营造出华美绚丽的风格的同时，也增添了丝丝妩媚柔和的气息。

◎ 东南亚风格客厅设计

◎ 东南亚风格餐厅设计

二、东南亚风格常用软装元素

1. 家具

泰国家具大都体积庞大，典雅古朴，极具异域风情。柚木制成的木雕家具是东南亚装饰风情中最为抢眼的部分。此外，东南亚装修风格具有浓郁的雨林自然风情，增加藤椅、竹椅一类的家具再合适不过了。

2. 灯具

东南亚风格的灯饰大多就地取材，贝壳、椰壳、藤、枯树干等都是灯饰的制作材料。东南亚风格的灯饰造型具有明显的地域民族特征，如铜制的莲蓬灯、手工敲制出具有粗糙肌理的铜片吊灯、一些大象等动物造型的台灯等。

3. 窗帘

东南亚风格的窗帘一般以自然色调为主，完全饱和的酒红、墨绿、土褐色等最为常见。设计造型多反映民族的信仰，棉麻等自然材质为主的窗帘款式往往显得粗犷自然，还拥有舒适的手感和良好的透气性。

4. 抱枕

泰丝质地轻柔，色彩绚丽，富有特别的光泽，图案设计也富于变化，极具东方特色。用上好的泰丝制成抱枕，无论是置于椅上还是榻头，都彰显着高品位的格调。

5. 纱幔

纱幔妩媚而飘逸，是东南亚风格家居不可或缺的装饰。可以随意在茶几上摆放一条色彩艳丽的绸缎纱幔，或是作为休闲区的软隔断，还可以在床架上用丝质的纱幔绾出一个大大的结，营造出异域风情。

6. 饰品

东南亚风格饰品的形状和图案多和宗教、神话相关。芭蕉叶、大象、菩提树、佛手等是饰品的主要图案。此外，东南亚的国家信奉神佛，所以在饰品里面也能体现这一点，一般在东南亚风格的家居里面多少会看到一些造型奇特的神、佛等金属或木雕的饰品。

◎ 家具

◎ 灯具

◎ 窗帘

◎ 抱枕

◎ 纱幔

◎ 饰品

三、东南亚风格软装实战运用案例

软装方案示例

软装风格	东南亚风格	项目面积	730 ㎡
设计机构	OH DESIGN 壹舍室内设计（上海）有限公司	设计师	方磊 李文婷 李丽娜

软装解析设计师	**蔡鹤群** 近十年室内设计工作经验，其中有五年地产样板房和会所软装设计经验，中国建筑学会室内设计分会会员。提倡要将空间、功能和人文三者相结合的设计理念。热爱生活，享受设计。擅长美式、现代、欧式等设计风格。

软装综述

　　本案是一套具有典型东南亚风格的作品。设计师沿袭了木材在东南亚风格中的突出地位，不断调整形态和比例的变化，再结合色彩层次丰富的布艺、陶瓷器皿和装饰画等，塑造出一个自然、沉稳又不失活力的东南亚热带岛屿特色的别墅空间。特别值得一提的是，设计师在空间中出色运用蓝色、紫色等棉质和绸质的布艺，使得空间在大量木作的硬装基础上，体现出浓郁的异域文化气息。

◎ **特色鼓凳传递文化特色**

具有东南亚特色的做旧鼓凳，低调而内敛，配合榻、椅等家具，形成一个完整的"岛屿"空间，不但强调了该区域的功能定位，而且具有历史感，体现出浓浓的文化气息。

◎ 陈列饰品化解台面空旷感

在承载面的面积较大而摆设饰品较少时，可以采用陈列式的摆放方式，不但可以化解摆放内容过空的不足之处，而且这种摆法形成很好的队列，使得饰品之间层次分明，主体更加突出。

◎ 装饰画点睛

在空间中少不了要挂一部分装饰画，这是不但要注意画面的颜色、内容等要与空间主题诉求相吻合，同时要特别注意画幅面积大小是否与装饰面的带大成比例，过小的比例会显得小气拘束，过大的比例会显得笨重，不协调。

◎ 差异化的面料处理

起居室的软装面料使用中，出现了蓝色的绒面、绿色、红色的缎面、咖啡色麻面等，在明度、色相、材质和图案这四个维度上都进行了差异化的处理，从而形成了具有视觉冲击力又不失整体性的软装布置效果。

◎ 花卉形成视觉中心

略高于视平线的花卉，摆放于对拼式的坐榻中心位，形成了空间中的视觉焦点。花卉不但使得整个空间有了生气，同时很好地吸引了空间使用者的眼球。这种花卉放置方式特别适合于功能相对单一的空间，比如餐厅。

◎ 巧用色彩暗示风格特性

东南亚风格是热带岛屿文化衍生出来的一种室内装饰风格，特色之一就是空间中充满了丰富多变的色彩。图中巧妙地采用了亮黄色蒙纸的鸟笼灯与暗紫色的菱形硬包相互对比碰撞，点明了这一地域特色的风格倾向。

◎ 饰品对称放置

在这个空间中，围绕高背柚木坐榻，左右对称式地放置了造型几乎一致的抱枕、角几和墙面挂盘，形成了以高别背榻为视觉中心向左右放射的轴线式饰品布置方式，从而增强了该区域的仪式感。

◎ 软装造景灵活多变

卧室空间中采用金色刺绣折叠屏风作为床头背景，这种以软装造景的手法有别于传统硬装木工做景的处理，可以灵活地根据不同情景，来变化或者更换成其他软装饰品，从而达到替换背景的作用。

◎ 夸张的灯具突破既定框架

SPA 空间中，整体沿用了东南亚风格中石与木结合的特色，配合地域特色的饰品；在选择灯具的时候，特意采用了体型较大，同时又看似与风格冲突的水晶灯作为主灯，不但没有破坏空间整体出色的氛围，而且这种较夸张的做法使得原本较为沉稳的空间产生了戏剧性的活力。

◎ 桌旗提升空间品位

棉麻质感的桌旗，配合天然石材和陶瓷杯盏，点缀出浓浓的东南亚禅意，使得该茶室空间显得品位高雅。桌旗的使用非常讲究，搭配得当的话，可以展示出很具韵味的装饰效果，但使用时应尽量与器皿类饰品相互搭配，最好不要单独出现。

第十节 地中海风格软装设计

一、地中海风格软装设计手法

地中海风格是 9-11 世纪起源于地中海沿岸的一种家居风格,它是海洋风格装修的典型代表,因富有浓郁的地中海人文风情和地域特征而得名,具有自由奔放、色彩多样明媚的特点。地中海风格通常将海洋元素应用到家居设计中,给人蔚蓝明快的舒适感。

由于地中海沿岸对于房屋或家具的线条不是直来直去的,显得比较自然,因而无论是家具还是建筑,都形成一种独特的浑圆造型。拱门与半拱门窗,白灰泥墙是地中海风格的主要特色,常采用半穿凿或全穿凿来增强实用性和美观性,给人一种延伸的透视感。在材质上,一般选用自然的原木、天然的石材等,再用马赛克、小石子、瓷砖、贝类、玻璃片、玻璃珠等来作点缀装饰。家具大多选择一些做旧风格的,搭配自然饰品,给人一种风吹日晒的感觉。

◎ 地中海风格餐厅设计

◎ 地中海风格客厅设计

二、地中海风格常用软装元素

1. 家具

家具最好是选择线条简单、圆润的造型，并且有一些弧度，材质上最好选择实木或者藤类。

2. 灯具

地中海风格灯具常见的特征之一是灯具的灯臂或者中柱部分常常会作擦漆做旧处理，这种处理方式除了让灯具流露出类似欧式灯具的质感，还可展现出在地中海的碧海晴天之下被海风吹蚀的自然印迹。地中海风格灯具还通常会配有白陶装饰部件或手工铁艺装饰部件，透露着一种纯正的乡村气息。地中海风格的台灯会在灯罩上运用多种色彩或呈现多种造型，壁灯在造型上往往会设计成地中海独有的美人鱼、船舵、贝壳等造型。

3. 布艺

窗帘、沙发布、餐布、床品等软装布艺一般以天然棉麻织物为首选，由于地中海风格也具有田园的气息，所以使用的布艺面料上经常带有低彩度色调的小碎花、条纹或格子图案。

4. 绿植

绿色的盆栽是地中海不可或缺的一大元素，一些小巧可爱的盆栽让空间显得绿意盎然，就像在户外一般。也可以在家中的一些角落里安放一两盆吊兰，或者是爬藤类的植物，制造出一大片的绿意。

5. 饰品

地中海风格适合选择与海洋主题有关的各种饰品，如帆船模型、救生圈、水手结、贝壳工艺品、木雕上漆的海鸟和鱼类等；或者独特的锻打铁艺工艺品，特别是各种蜡架、钟表、相架和墙上挂件等。

◎ 家具

◎ 灯具

◎ 窗帘

◎ 绿植

◎ 饰品

三、地中海风格软装实战运用案例

软装方案示例（一）

软装风格	地中海风格	项目面积	146 ㎡
设计机构	姚爱英设计工作室	设计师	姚爱英

软装解析设计师	**王梓羲** 毕业于北方交通大学环境设计专业，进修于中央美院陈设艺术高级研修班，北京菲莫斯软装陈设学院高级讲师，国家二级花艺环境设计师，中国建筑装饰协会高级陈设艺术设计师，中国商业联合会陈设艺术设计师。

软装综述

  同其他的风格流派一样，地中海风格有它独特的美学特点。建筑风格的多样化、日照强烈的气候，形成独特的风土人文，这些因素使我们提起地中海风格，就联想到他的自由奔放和色彩明亮。在选色上，它一般从自然环境中提取柔和的色彩；在组合设计上，注重空间的搭配；在布艺、灯具、饰品等软装搭配上，充分利用每个小细节，流露出古老的文明气息。本案属于典型的希腊地中海风格，以取自海天的蓝白色为主基调，进入空间时，仿佛走在夕阳西下的爱琴海边，又像是置身于美丽的圣托里尼油画卷中，一切就是那么的舒畅和自由。

◎ 蓝白色家具搭配

家具是将风格完美展现出来的关键部分。希腊地中海中的家具，同样离不开经典的蓝白配色，家具材质多以线条简单且修边浑圆的木质家具为主，常应用色彩明快的棉织物作为搭配，布艺纹样多采用素雅的条纹和格子图案，让人感觉更放松和惬意。

◎ 硅藻泥的电视背景墙

电视背景墙采用纯天然基材的白色硅藻泥装饰，从色彩上与米黄色墙面形成层次感。硅藻泥深深浅浅的凹凸肌理形成的不规则表面，仿佛不经意涂抹修整的感觉，更好地诠释了地中海的自然情怀。

◎ 绿植元素的加入

在硬装结构上，拱门、壁龛和马蹄状的门窗是地中海风格的另一特点。此外，家中的墙面均可运用半穿凿或者全穿凿的方式来塑造室内的景中窗。地中海风格的家居软装非常注重绿植的点缀，客厅餐厅等公共区域一般以落地绿植为主，茶几和边几上也会出现小巧绿植盆栽或低彩度的花卉。与拱形线条呼应，给人以纯美浪漫的视觉感受。

◎ 手工制作的装饰品

地中海风格的墙面装饰，多运用半穿凿或者全穿凿的方式来塑造室内的景中窗，这是地中海家居的一个情趣之处。手工制作的装饰品布满房间的各个角落，各式各样的海洋题材工艺品及用泥土烧制的各式瓦罐，都充满着原始、淳朴的美。

◎ 画品表现出不同层次的蓝色

阳台的窗帘把蓝白搭配做了巧妙的延展，选用纯度较低的蓝色和白色以纵向拼接形式，提升了空间高度，同时与走廊的桌面和沙发的蓝色呼应，丰富了空间的色彩层次，形成由内而外、由深而浅渐变过渡的视觉效果。同时，在装饰画的选择上也多出现不同层次的蓝色，与小巧可爱的绿植盆栽组合摆放，更添自然浪漫气质。

◎ 直通阳台的休闲走廊

由客厅延伸过去的休闲走廊，直通到阳台区域，设计巧妙，在结构上把地中海风格的通透性完美地展现出来，在走动观赏中，出现延伸般的透视感。除了铁艺吊灯，蒂凡尼彩色玻璃灯也在地中海风格中被普遍运用，给空间增添了更多古典浪漫的艺术气质。

◎ 拱形的床头背景

在地中海风格的卧室中，拱门的造型也会作为床头背景墙使用，不同的是内嵌更多以柔和的碎花为背景，增添了更多温馨质朴的田园气息。家具的选择上更加精致，多以法式田园风格的家具进行混搭。在床和床品的选择上多采用海洋题材装饰，同时会有少量低彩度的蓝与整个蓝白空间呼应，给人和谐放松的视觉感受。

◎ 蓝白色的厨房设计

地中海风格的厨房设计依然沿用蓝白色，清新自然。海洋蓝色地砖与墙砖，从规格上做了变化，颜色也可选用不同层次的蓝色进行和谐搭配。米色台面与白色柜体自然过渡，提升了厨房的空间感，小巧可爱的绿植盆栽必不可少，仿佛自然清新的海风吹进厨房，扑面而来。

◎ 弥漫海洋气息的儿童房

儿童房充满了无处不在的海洋情怀，墙面多选择米黄色、淡蓝色涂料，或蓝白相间条纹壁纸也很普遍，整个空间的家具和布艺灯具离不开航海题材和海洋题材。帆船摆件、航海地图装饰、船舵形状灯或挂钟都会让空间显得活泼生动。

◎ 马蹄窗延伸卫生间视觉空间

马蹄窗的设计让本来狭小的卫生间在视觉上得到了延伸，既实用又兼具装饰性。蒂凡尼彩色玻璃灯和马赛克拼贴镜，丰富了整个空间的色彩，铜制复古水龙头是地中海风格的不二选择。

软装方案示例（二）

软装风格	地中海风格	项目面积	190 ㎡
设计机构	春秋空间设计	设计师	春秋

软装解析设计师

赵芳节 中国建筑装饰协会注册高级室内建筑师，中国室内设计联盟特约专家讲师，中国建筑装饰协会中装教育特聘专家，中国国际室内设计联合会会员，中国电力出版社多套家居图书点评嘉宾，金创奖2015年度十大精英设计师。

软装综述

　　意大利的家居风格推崇地中海一贯的休闲享受，但与希腊地中海蓝白清凉的风格不同的是，意大利的房子设计更钟情阳光的味道。阳光的午后和朋友们在自家的花园里饮茶，是多么写意的时光。可以舒服地感受来自意大利的慵懒。本案是以南意大利地中海风情为主线的一套混搭案例，融合了包括南法、希腊地中海的特色，有机地结合在一起形成了一个充满了阳光与舒适的空间。

◎ **条纹家具布艺搭配做旧沙发框**

南意大利的向日葵花田流淌在阳光下的金黄，十分具有自然的美感。水洗白做旧的沙发边框搭配条纹和苏格兰格子布艺完美呈现出来浓浓的意式田园风情。做旧画框采用了平行式悬挂方式，并且在两侧各用一个不同的花篮来平衡视觉。淡蓝色作为点缀色穿插其中，主要体现在花器、落地灯、画芯中，并且和布艺以及硬装的地面马赛克有了关联，透出一丝清新惬意。

◎ 明黄色主题的客厅空间

地面仿古地砖是朴实的大地色，精美的铁艺吊灯成为顶面的主角，体现出精致且华丽的气质。从色彩角度分析案例的背景色为意大利向日葵花海般的明黄色，主体色为水洗白家具，点缀色为自然的蓝色和绿色。

◎ 富有野趣的乡村生活画面

红砖砌成的壁炉随意地堆满了木材，打翻的陶罐肆意生长着小雏菊，随意而富有野趣。小碎块地砖营造出一种小径的感觉，壁灯同样选择了富有野趣的铁艺曲线灯饰，并用花草装饰其间，融合且有所呼应。

◎ 三角形构图原则摆放饰品

蓝白相间是希腊地中海独有的特色，这里的硬装基础采用白色的肌理墙面作为底色，柜门采用开放漆做旧的浅蓝色木作，奠定了整体的配色基础。然后墙面的装饰画则选择了希腊地中海的风景作为点缀陪衬。三只海鸟的摆放方式采用了两个三角形构图的原则摆放，稳定且富有情趣。窗洞处的挂画则选择了一幅由近物和窗景组成的挂画，仿佛可以通过窗户眺望远方。

◎ 做旧工艺的书桌

水曲柳做旧工艺的书桌摆放在书房中央，很好地融入了背景色中，含蓄内敛，充分突出了水绿色的书柜，仿佛让人感受到了夏日的一丝清风。铜质的曲线艺术吊灯延续了其他空间的质朴优雅，同时也成为了这个空间唯一的主角。

◎ **平衡差异式手法打造床头背景**

卧室的背景色为白色，木质固装家具及踢脚线采用了浅蓝色做旧的效果。在家具上选择白色的地中海家具作为延续，床头的饰品和挂画采用了平衡差异式的手法：一侧为台灯另一侧则用一株小绿植来平衡视觉；两侧的画框采用平行式挂法且相同的画框体现了平衡，不同的画面内容增加了细节变化。

◎ **铜色铁艺吊灯点睛**

固装家具和地板采用了象牙白作为背景色，缓解了过道空间的局促感。铜色铁艺吊灯曲线造型细腻华贵，柜门把手采用了相同的复古造型，相映成趣。蓝色的仿古砖作为卫生间的主色调，薰衣草般的紫色纱帘穿插其中作为点缀色，体现出浪漫和高贵的气质。

◎ **让人放松的休闲区**

软装设计最主要的手段就是色彩搭配：象牙白的背景色好像海滩一样自然舒适，灰色的翼背椅作为主体色把空间的体量感压足，蓝色和紫色作为点缀色穿插合并，为空间注入了活力，抱枕的风景图案成为了视觉焦点并呼应了设计主题。

◎ **紫色花艺带来浪漫田园气息**

卫生间的洗漱区采用了做旧铜色的花环复古镜子营造出浪漫的氛围，龙头、把手和毛巾架也采用了复古铜色作为呼应。紫色的南天七满满的插在了古朴的蓝色陶罐中，浪漫且充满了田园般的小清新，从色彩角度也是点亮了空间，活跃了视觉。

第十一节 田园风格软装设计

一、田园风格软装设计手法

田园风格最初出现于 20 世纪中期，泛指在欧洲农业社会时期已经存在数百年历史的乡村家居风格，以及美洲殖民时期各种乡村农舍风格。田园风格并不专指某一特定时期或者区域。它可以模仿乡村生活般朴实而又真诚，也可以是贵族在乡间别墅里的世外桃源。

田园风格家居的本质就是让生活在其中的人感到亲近和放松，在大自然的怀抱中享受精致的人生。仿古砖是田园风格地面材料的首选，粗糙的感觉让人觉得它朴实无华，更为耐看。

可以打造出一种淡淡的清新之感；百叶门窗一般可以做成白色或原木色的拱形，除了当作普通的门窗使用，还能作为隔断；铁艺可以做成不同的形状，或为花朵，或为枝蔓，用铁艺制作而成的铁架床、铁艺与木制品结合而成的各式家具，让乡村的风情更本质；布艺质地的选择上多采用棉、麻等天然制品，与乡村风格不事雕琢的追求相契合。有时也在墙上挂一幅毛织壁挂，表现的主题多为乡村风景；运用砖纹、碎花、藤蔓图案的墙纸，或者直接运用手绘墙，也是田园风格的一个特色表现。

◎ 田园风格客厅设计

◎ 田园风格餐厅设计

二、田园风格常用软装元素

1. 家具

田园风格在布艺沙发的选择上可以选用小碎花、小方格等一类图案，色彩上粉嫩、清新，以体现田园大自然的舒适宁静；再搭配质感天然、坚韧的藤质桌椅、储物柜等简单实用的家具，让田园风情扑面而来。

2. 桌布

亚麻材质的布艺是体现田园风格的重要元素，在客厅或餐厅的桌子上面铺上亚麻材质的精致桌布，上面再摆上小盆栽，立即散发出浓郁的大自然田园风情。

3. 窗帘

各种风格无论美式田园、英式田园、韩式田园、法式田园、中式田园均可拥有共同的窗帘特点，即有自然色和图案构成窗帘的主体，而款式以简约为主。

4. 床品

田园风格床品同窗帘一样，都由自然色和自然元素图案的布料制作而成，而款式则以简约为主，尽量不要有过多的装饰。

5. 花艺

较男性风格的植物不太适合田园风情，最好是选择满天星、薰衣草、玫瑰等有芬芳香味的植物装点氛围。同时将一些干燥的花瓣和香料穿插在透明玻璃瓶甚至古朴的陶罐里。

6. 餐具

田园风格的餐具与布艺类似，多以花卉、格子等图案为主，也有纯色但本身在工艺上镶有花边或凹凸纹样的，其中骨瓷因为质地细腻光洁而深受推崇。

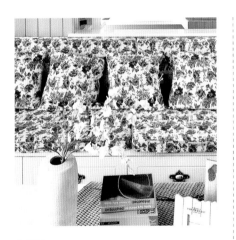

◎ 家具

◎ 桌布

◎ 窗帘

◎ 床品

◎ 铁艺

◎ 餐具

三、田园风格软装实战运用案例

软装方案示例

软装风格	田园风格	设计机构	万怡室内艺术设计

软装解析设计师

许愿 倡导并积极实践"一体化整体设计理念"的先行者，主张"让软装设计升华空间的艺术美学"。坚持对美好事物的追求和对设计事业的珍惜。一直倡导以人为本的设计理念，愿意用自己所学的专业帮助到别人。

软装综述

本案运用了丰富的元素，如清新淡雅的色彩，富有自然气息的原木，精致的碎花图案以及浪漫的拱形与优美的弧线，这些无不衬托着温馨随意的乡村田园风情。恣意盎然的绿色植物使整个空间呈现出闲适自由的生活情趣，更能勾起人们心中那一抹对大自然的无限渴望，追求朴实的生活。

◎ 客厅营造户外感

客厅着重对细节的处理，将壁板设计成窗檐，呼应电视背景墙所营造的户外感，与花艺的融合，仿佛到了后花园，体现家的温馨。清新绿与热情红相结合充分体现了主人积极豁达和对事事美好的渴望。

◎ 拱形门在电视墙上的运用

设计师采用绿色作为电视背景墙的主色调，铺陈了空间的温度，然后再巧妙地运用拱形门与格栅窗的设计，将此处营造出户外的氛围，非常符合田园空间的主题。此外，三种颜色的沙发设计给人一种活泼之感。

◎ 开放式厨房设计

实用美观的餐桌与厨房紧密相连，开放式厨房充分利用了地柜与吊柜的墙面空间，通过仿古砖与原木餐桌的自然融合使空间的过渡恰到好处，再利用一些壁挂和花草点缀，给厨房清新亮丽之感。

◎ 草绿色玄关给人放松感

采用草绿色的装饰做为玄关的主色调，让人一进门就有一种放松感。草绿色的壁挂与同一色系的鞋柜相呼应，形成整体感的同时而且增加了玄关处的储物量，树叶形的壁灯更加凸显了温馨的田园风格。

◎ 带有流苏设计的浴帘

卫生间里仿古砖的运用更加随意，搭配绿色的墙漆，质朴气息扑面而来。浴帘不仅具有分隔作用，而且使用了流苏设计点缀，令人忘俗。再加上田园风格的花朵灯具、镜子等装饰，营造出浓浓的乡村风情和自然野趣。

◎ 纱幔增添浪漫气息

纱幔的运用增添了浪漫情调，经典的格纹与碎花，为室内带来了乡间里春意。窗帘的颜色跳转很好地增加了层次感，再搭配蓝色的抱枕，增添了卧室的田园风情。

◎ 邻近色搭配的空间

卧室自然嫩绿的家具与鹅黄色墙面的邻近色搭配，让空间柔和而自然，更显亲切舒适。使用小巧的壁灯使床头柜不显拥挤，柔和的灯光给人一种温馨之感。床头两个鹅黄色的抱枕在绿色的围绕中跳跃而亮眼，颜色与墙面的颜色相照应。

◎ 白色立体树枝墙饰

儿童房墙面淡粉色的碎花墙纸与白色的立体树枝墙饰搭配在一起，整个空间甜美又不失清新自然。窗框上方独特的小熊围栏窗帘盒设计，凸显了设计的细节，为天真烂漫的孩童时期增添了一丝趣味。

第十二节 现代港式风格软装设计

一、现代港式风格软装设计手法

现代港式风格不仅注重居室的实用性，而且符合现代人对生活品位的追求，其装饰特点是讲究用直线造型，注重灯光、细节与饰品，不追求跳跃的色彩。

现代港式风格在处理空间方面一般强调室内空间宽敞、内外通透，在空间格局设计中追求不受承重墙限制的自由，经常会出现餐厅与客厅一体化或者开放式卧室的设计。在港式风格装饰中，简约与奢华是通过不同的材质对比和造型变化来进行诠释的，在建材和家具的选择上非常讲究，多以金属色和线条感营造出金碧辉煌的豪华感。钢化玻璃大量使用，不锈钢等新型材料作为辅助材料，是比较常见的装饰手法，能给人带来前卫、不受拘束的感觉。现代港式风格家居大多色彩冷静、线条简单，如果觉得这种过于冷静的家居格调显得不够柔和，就需要有一些合适的家居饰品进行协调、中和。

◎ 现代港式风格客厅设计

◎ 现代港式风格餐厅设计

二、现代港式风格常用软装元素

1. 家具

一般现代港式家居的沙发多采用灰暗或者素雅的色彩和图案，所以抱枕应该尽可能地调节沙发的刻板印象，色彩可以跳跃一些，但不要太过，比沙发本身的颜色亮一点就可以了。

2. 灯具

港式风格的灯具线条一定要简单大方，切不可花哨，否则会影响整个居室的平静感觉。另外，灯具的另一个功能是提供柔和、偏暖色的灯光，让整体素雅的居室不会有太多的冰冷感觉。

3. 床品

港式家居的床上用品可以运用多种面料来实现层次感和丰富的视觉效果，比如羊毛制品、毛皮等，高雅大方。

4. 餐具

港式风格在餐具上应选择精致的瓷器、陶艺，色彩和造型上不妨丰富一些，如深红色、宝蓝色、深灰色、深紫色等，这样才不会让餐厅失去原有的高贵感觉。

◎ 灯具

◎ 家具

◎ 床品

◎ 餐具

三、现代港式风格软装实战运用案例

软装方案示例（一）

软装风格	现代港式风格	**项目面积**	87.5 ㎡
设计机构	深圳市孟伟室内设计	**设计师**	孟伟
软装解析设计师	**陈佳** 毕业于广州美术学院环境艺术设计专业，进修于北京菲莫斯软装陈设高级研修班，国际建筑装饰室内设计协会高级室内装饰配饰设计师。		

软装综述

　　本案为现代港式风格，整个空间的主色调为咖啡色，沉静优雅，散发出迷人的光辉。设计师在空间色调的设计上为上浅下深，重视室内空间的使用效能，强调室内布置按功能区分的原则进行家具布置与空间的密切配合，主张废弃多余的、烦琐的附加装饰，追随流行时尚的装饰色彩及造型，打造独一无二的装饰空间。空间的材料则运用了大面积的石材及玫瑰金不锈钢包边，通过简洁有力的现代线条，营造出整个空间时尚奢华的格调。

○ 利用后退色放大过道空间

连接卧室与客厅之间的过道空间，顶面采用茶色镜面来消除空间的压迫感，采用的颜色也是以浅咖啡色这样的后退色为主，尽量让空间感受放大；卧室的配色采用了一个相对艳丽的颜色作为前进色，从而勾起参观者的好奇心。

○ 黑色台盆柜与镜柜

卫生间的硬装风格依然延续整体的感觉，而在柜体的功能上却做足了工夫：洗面盆的柜体全部用黑色来做主体色，镜面部分做了兼顾实用和美观功能的吊柜，内部可以增加许多储物空间，而表面看上去仍然是梳妆镜，并且在灯光方面考虑了镜前灯的功能。

◎ 六边形金属装置代替隔断

餐厅和客厅之间采用一个六边形的金属装置来划分功能；餐厅的墙面挂画采用了水银镜面来扩大空间感受，同时铜钱造型也丰富了想象空间；自然纹理的大理石瓷砖具有膨胀感，和后退色地毯带来的开阔感形成了鲜明的对比。

◎ 客厅采用无主灯照明手法

客厅采用了典型的港式风格无主灯的手法，利用二次反弹光照和重点照明来照亮空间，从而营造出柔和的光暗比；背景色由于采用了山水纹路的石材，给空间视觉带来了膨胀感；所以在家具的选择上采用了深咖色这样的后退色来适度调解空间疲劳感，并用灰色的地毯来划分出独立的区域，给人以宁静的感受。

◎ 黑色玻璃桌面确立主体色

餐厅和客厅在同一个视觉空间，设计师在用材上延续了硬装的特色，餐桌选择了黑色玻璃面材质从而确立了主体色，黑色透亮的餐具搭配玫瑰金的器皿透露着淡淡的奢华气质，紫色的西式插花在绿叶的陪衬下升华了空间气质。

◎ 墙面壁饰成为视觉亮点

卧室床头采用了简约的翼背款式，床品和床头的软包相呼应，用深咖啡色来作主体色，从而给空间一个体量感；墙面上的玫瑰金色不锈钢艺术装置好像祥云浪花般层层叠叠，成为了整个室内的视觉中心，色彩上同样起到了点缀色的作用，并且与硬装材质产生了有机对话。

◎ 镜面拓展视觉空间

儿童房的空间上相对主卧室比较狭小，设计师用拼图的镜面装饰拓展空间视觉的同时，还带了一丝童趣的味道；较小的单人床在床品上选择了比较活泼的蓝白格子布搭配爱马仕橙色来体现男孩好动的性格，穿海军服的小熊玩偶和米字旗的抱枕完整地诠释了这个儿童房的主题风格。

软装方案示例（二）

软装风格	现代港式风格	项目面积	603 ㎡
设计机构	陈飞杰香港设计事务所	设计师	陈飞杰

软装解析设计师	**陈佳** 毕业于广州美术学院环境艺术设计专业，进修于北京菲莫斯软装陈设高级研修班，国际建筑装饰室内设计协会高级室内装饰配饰设计师。

软装综述

　　空间有时就是一种对乌托邦的寄想，可以作为情感的归宿和思想的延伸，或者是对心灵的收纳。一个赏心悦目的空间能驱散身体的疲惫，犹如清晨的乐章，高贵并且愉悦。作为一个带有大面积庭院的独立别墅，如何将景观与室内设计做得相辅相成是本案设计的重点。在空间规划时，充分地利用了落地玻璃门窗，天井将光线引入室内。同时巧妙地运用中庭挑高扩宽空间维度并采用石材与艺术品的铺垫呼应，将古典审美范畴中的明暗对比，藏与露的比例予以现代的手法来演绎，充分营造出高雅、尊贵的气韵之余还融入不凡的艺术品格。

◎ **客厅以咖啡色为主调**

在对客厅空间氛围的整体把握上，设计师匠心独运让雍容的咖啡色调在整个空间中漫延；对称摆设的两组沙发显得优雅大方，彰显出挑高客厅的大气感；亮面装饰的点缀，高品质的饰面，精致的线条渲染着城市的轨迹，极具匠心的细致雕琢、婉约地诉说着每一个指尖碰触过的唯美故事

◎ 地面太阳花图案点睛

作为连接所有空间的走廊区域，在平面规划上呈现出椭圆形的空间，形式上区别于其他功能空间。放射形的太阳花图案地面拼花和屋顶的水晶灯遥相呼应，形成对话。复古的端景台上水晶制作的太湖石景观晶莹剔透，形成了时尚与古典的碰撞；放射状的金色太阳镜面壁饰又重复强调了这个空间的主题。

◎ 整体感较强的餐厅空间

整个空间的桌面摆台、墙面挂画、角落花艺、厨房饰品等不超过四个色系，穿插交错，相互呼应，不仅使餐厅区域有整体感，而且会使每一件物品的品质感都得以增强。

◎ 书房陈设展现空间感

书房没有选择大体量的书桌，目的是想突出大空间感，可以很好地自由走动、独自思考问题、与两个以上的人员商议事情。高尔夫球办公室迷你练习场地，是品质生活，是成功的彰显，是一个人竞技的自我思考。

◎ 黄色床品的美好寓意

床头白色拉扣靠背与床尾黄色拉扣床尾凳造型相呼应，黄色床品温馨易眠，又有主人卧室的强调作用，帝王黄的美好寓意不仅体现在床品上，花艺、灯具等细节上也得以大面积的应用。

◎ **蓝黄色配搭的儿童房**

儿童房空间布局紧凑，除了睡床之外还设置了一个小型的阅读区；床品应用热烈的蓝、黄色形成一组撞色，制造视觉冲突，营造了一张一弛、明朗活泼又沉稳安静的色彩环境。

◎ **与硬装相协调的布艺色彩**

在布艺的颜色材质方面，豆沙色与环境装修色彩融合，拉绒面料为造型简单的沙发增加沉稳感，但不同色彩、材质的抱枕增添了俏皮感、空间层次也更加活跃，更显品质。

◎ **利用家具陈设表现空间主题**

深咖色营造出一种宁静且宽阔的空间感受，沙发则选择了简约现代的款式，在同色的丝绸抱枕上增加了金色的不规则图案丰富了空间表情；椭圆形的茶几则打破了凝重感，让空间充满时尚气息；桌面的玻璃器皿和水晶灯形成了画面的呼应点，增加了奢华的细节。

◎ **降低灯饰给高度做重点照明**

最吸引人的莫过于橘色灯饰与湖蓝色球桌的桌面，时尚摩登；同时压低了灯饰高度，做出重点照明的效果，并强调了休闲感觉；吧台区域的酒瓶形状吊灯采用金属质感，提示出空间的功能；平行式的挂画组合形式巧妙地将球杆融合进画面，整体和谐统一。

◎ **卫生间展现对称美学**

大空间的卫生间区域，根据对称美学，区分了干湿区域，饰品方面选择统一的海水蓝色系列，洁具选择无色环保系列，细腻的品质生活，随时带入画面。

第十三节 工业风格软装设计

一、工业风格软装设计手法

工业风起源于将废旧的工业厂房或仓库改建成的兼具居住功能的艺术家工作室,在设计中会出现大量的工业材料,如金属构件、水泥墙、水泥地,做旧质感的木材、皮质元素等,格局以开放性为主。这种风格用在家居领域,给人一种现代工业气息的简约、随性感,在裸露砖墙和原结构表面的粗犷外表下,反映了人们对于无拘无束生活的向往和对品质的追求。

工业风的基础色调无疑是黑白色,辅助色通常搭配棕色、灰色、木色,这样的氛围对色彩的包容性极高,所以可以多用彩色软装、夸张的图案去搭配,中和黑白灰的冰冷感。除了木质家具,造型简约的金属框架家具也能带来冷静的感受,虽然家具表面失去了岁月的斑驳感,但金属元素的加入更丰富了工业感的主题,让空间利落有型。丰富的细节装饰也是工业风表达的重点,同样起着饱满空间及增添温暖感与居家感的作用,油画、水彩画、工业模型等会有意想不到的效果。

![工业风格客厅设计]

◎ 工业风格客厅设计

◎ 工业风格餐饮空间设计

二、工业风格常用软装元素

1. 色彩

多使用黑白灰和木色。住宅空间更适合木地板加局部黑灰色调的搭配，如果很想用水泥自流平地面，就一定要多加地毯等织物。

2. 家具

工业风的空间对家具的包容度还是很高的，可以直接选择金属、皮质、铆钉等工业风家具，或者现代简约的家具也可以。例如皮质沙发，搭配海军风的木箱子、航海风的橱柜、Tolix椅子等。

3. 灯具

可以选择极简风格的吊灯或者复古风格的艺术灯泡，甚至霓虹灯。因为工业风整体给人的感觉是冷色调，色系偏暗，为了起到缓和作用，可以局部采用点光源照明的形式，如复古的工矿灯、筒灯等，会有一种匠心独运的感觉，水晶吊灯应尽量少用。

4. 铁艺

持久耐用、粗犷坚韧、外表冷峻、酷感十足的铁艺制品，无论是楼梯、门窗还是家具甚至配饰，都可以大胆地尝试。

5. 饰品

在工业风的家居空间中，选用极简风的鹿头，大胆一些的当代艺术家的油画作品，有现代感的雕塑模型作为装饰，也会极大地提升整体空间的品质感。这些小饰品别看体积不大，但是如果搭配得好，不仅能突出工业风的粗犷，还会显得品位十足。

◎ 色彩

◎ 家具

◎ 灯具

◎ 铁艺

◎ 饰品

三、工业风格软装实战运用案例

软装方案示例（一）

软装风格	工业风格	项目面积	180 ㎡
设计机构	北京中合深美装饰工程设计	设计师	王卓娅　邱筱天
软装解析设计师	**王梓羲** 毕业于北方交通大学环境设计专业，进修于中央美院陈设艺术高级研修班，北京菲莫斯软装陈设学院高级讲师，国家二级花艺环境设计师，中国建筑装饰协会高级陈设艺术设计师，中国商业联合会陈设艺术设计师。		

软装综述

　　本案在复古工业风的基础上，融合了美式、法式等多种风格元素，从材质和色彩的选择上也很丰富。美式风格怀旧色彩的和轻工业元素混搭出个性又雅致的空间表情，将无拘无束的的居家氛围进一步传达，十分贴合现代年轻人的家居生活观念。整个空间以怀旧和温馨为主基调，一物一设都沉淀出一种安静踏实的美好。

◎ **软装元素之间相互呼应**

客厅选用了浅色系地板，墙面也以传统素色墙纸为主，利用装饰画、高彩度摆件和地毯、以及绿色植被来提亮整个空间。电视柜以深色为主体，镶嵌金色花边，黄棕色皮质沙发质感十足，搭配灰色布艺靠枕，恰好与一侧的灰色布艺矮榻相呼应。空间中类似的应用随处可见，例如米字旗元素的重复出现，使空间更加和谐。铜质吊灯散发出的柔和光线，沉稳又不乏温馨。

◎ 金属元素的点缀

餐桌腿、吊灯及装饰画框和画芯，甚至柜体的把手，都应用了铜质元素，是餐厅的闪光点。多种元素融合的吊灯、抽象的装饰画，提升了餐厅的格调。褐色的柜体沉稳、大气，浅灰色靠背椅现代、舒适。黄、白、紫、红的花艺点缀其中，多了一分色彩和灵动。

◎ 铁质置物架平衡视觉

灰黄色的电视墙，黑色铁质框架的装饰画平行式悬挂于电视两侧，并且在两边分别放置铁质置物架来平衡视觉。金色和银色的摆件及花器点缀其中，与沙发的银色扶手、茶几的银色边框遥相呼应。红色穿插于画芯及花朵中，加上其他色彩元素，整个空间颜色丰满、充实，一改复古工业风的冰冷和沉稳，整个空间更加鲜活灵动。以湖蓝为主色的几何图案的地毯是视线中的亮点，给略显厚重的家具带来一丝清新和惬意。

◎ 多种元素的和谐搭配

设计师在装饰画的选择下了功夫，画芯、边框、布局等方面都独具匠心，右上和左下的两幅装饰画色调明暗交错，几组画芯的图案交替出现，又并非单纯的对称排列，颇有创意，丰富了整个沙发背景墙。黄棕色和深棕色的皮质沙发混合搭配探照式三脚架落地灯的复古工业味十足，配合房顶的蜡烛吊灯，整体风格跃然眼前。茶几上的胡桃夹子增添了不少趣味，复古瓷质花器与背景墙装饰画上的屋顶颜色遥相呼应，绿植和花束带来了盎然生机。

◎ 复古元素的尽情展现

吊顶是主卧天花板的绝对主角，选用了复古的金色水晶灯，精致而华丽。深灰色布艺床头柜镶嵌金色线条，配合一字排开的金色边框装饰画，连同床头柜的金色相框细节，将工业复古风表现得淋漓尽致。灰色的布艺窗帘与椅背相互映衬，床角的黄白灰地毯恰到好处地融合空间内的几种色彩元素。

◎ 复古风格的床头柜

白色灯罩丝滑的即视感，加上粉白相间绸缎材质的床品，华丽、浪漫而不庸俗，为整间卧室增添几分柔美和浪漫。复古的床头柜与床品形成了鲜明反差，银色的柜体、皮质的桌面和拉手，加上做旧的铜锁，显示着个性与态度。一小丛红白相间的小花点缀其中，仿佛跳动的音符，活跃了整个空间。

◎ 复古工业风的细节

灰色的窗帘与椅背相互映衬，米字旗图案的靠枕再次出现，蜡烛灯造型的铁艺摆件诠释着工业风的硬朗和冷静。桌面上的粉色花艺再一次灵动了空间，弱化了冰冷感，复古的铜质相框仿佛讲述着古老的故事。

◎ 黑白灰的经典配色

次卧以经典的黑白灰呈现。灰色和白色的窗帘，与灰色的布艺床体浑然一体，沉淀了整个空间的色调。灰色和黄色的床品又与木色的衣柜面板相互呼应。黑色灯罩的铁艺台灯、铁质挂钟与黑色的边桌完美搭配。床头柜上的青色台灯、橙色的座椅，以及地毯上的一抹绿，给黑白灰的空间带来了视觉冲击，丰富了色彩。

◎ 粉色公主梦

每个女孩子都有一个公主梦，儿童房以香槟金和粉色作为主色调，将梦幻与浪漫的感觉发挥到极致。香槟色的柜体、皮质床头与同一色系的墙面和窗帘形成呼应。从浅粉色的床品、穿着玫红色外衣的hello kitty和羊驼毛绒玩具，到梳妆台前的粉嫩摆件，甚至枚红色兔耳造型的椅子都非常抢眼，无处不透露着设计师的良苦用心。

 灯带的运用

衣帽间柜体、地板、木门及浴室柜都选用了沉稳大气的深色，卫生间与衣帽间相连，作为间隔的室内门镶嵌古铜色花边，与同一颜色的把手完美结合。浴室镜两侧的金黄色灯带在兼具功能性的同时，恰到好处地调高了空间亮度，中和了家具的厚重感。洗漱台搭配了小巧的黄绿色花艺和白色蜡烛，点亮了空间，也点亮了内心。

软装方案示例（二）

软装风格	工业风格	项目面积	103 ㎡
设计机构	可近空间设计	设计师	卢尧楷 翁晓芬

软装解析设计师	**王梓羲** 毕业于北方交通大学环境设计专业，进修于中央美院陈设艺术高级研修班，北京菲莫斯软装陈设学院高级讲师，国家二级花艺环境设计师，中国建筑装饰协会高级陈设艺术设计师，中国商业联合会陈设艺术设计师。

软装综述

　　工业风的美感，在于不过多的矫饰和还原的质朴感觉。裸墙砖、水泥地面、做旧的铁艺都是工业风硬装常用的手法，主要元素都是无彩色系，给人冷静、理性的空间感受同时，也会略显冰冷。但这样的氛围对色彩的包容性极高，所以在软装方便通常多用大胆的色彩，夸张的图案去搭配，给空间中的冷调以平衡。且工业风通常意味着"艺术范儿"，而色彩是对艺术最极致的一种表达，同时灯光和布艺在工业风的软装中也起到了至关重要的作用。

◎ **铁艺制品增添复古感**
工业风中不得不说的元素便是铁艺制品，无论是楼梯、门窗还是家具甚至配饰，都可以大胆使用铁艺，给工业风原本硬朗的气质里更增添冷峻和复古。黑色铁艺隔断，巧妙地将客厅和书房区域进行了划分，轨道灯散发出的柔和光线与铁艺的冷峻完美融合。

◎ 色彩对比突出画面感

混凝土墙面是工业风最具代表的硬装表现，略带肌理感的设计，让墙面更丰富自然，更具设计感。做旧质地的棕色皮沙发在工业风中必不可少，相对布艺沙发，更能体现年代感，老旧的摩登味道十足。橙色为主色调的抽象油画与硬装粗犷原始的混凝土墙面形成鲜明的对比，这种对比的手法在工业风软装搭配中很常见。

◎ 黑白灰配色

裸露的水泥房顶、斑驳的墙面和水泥自流平地面，保持了工业风一贯的灰暗、冰冷。房顶应用了多组黑色铁质轨道灯，简洁的线条，笔直的支架，简单的半球灯罩，摒弃浮华，打造出粗犷豪放的感觉。白色落地百叶窗的点缀，透着灵动优雅，与空间中的黑、灰搭配，传承了工业风的基本色调。

◎ 原木与红砖元素

天然原木和红色砖墙在工业风中是完美的搭配，同样展现原始、粗犷，却相对水泥和做旧铁艺，看起来更有温度，在居家装饰中更加常用。质感细腻的不锈钢吧台，与原木和粗糙红砖在质地上形成强烈的对比，现代感十足。

◎ 百叶窗与床品形成色彩呼应

朴素的白墙，黑色轨道射灯和落地灯，深色木质百叶窗帘的运用，把工业风的复古与质朴自然地过渡到卧室，深木色百叶窗与棕红色床品相呼应，温暖而又不失沉稳。

◎ 黑白灰在主卫空间的延续

主卫的色调延续了黑白灰的主色调，灰色纹理的墙面，体现工业风的复古和冷静。色彩清新的花卉摆件，恰到好处地平衡了空间的硬朗和冰冷。从色彩角度丰富了空间，活跃了视觉。

◎ 抽象油画是空间主角

床头的抽象油画再一次强调色彩在工业风空间中的作用，画面中的几种色彩，又恰好与床头、摆件、床品、靠枕，百叶窗帘相互呼应，使空间中的各个颜色要素更加融合而不突兀。

◎ 涂鸦墙面增添生活乐趣

蓝色涂鸦墙与大面积使用的黑白灰形成强烈反差。这种略显陈旧的蓝色，不像湖蓝天蓝那么明亮、
突兀，与工业风复古做旧的大空间很好地融合，墙面上的文字和涂鸦给硬朗的空间增添了一些生
活温馨与童趣。

◎ 高彩度的软装配饰

红色珐琅锅具以及明黄色的花艺，是整个空间中的色彩点缀。大胆的用色平衡了整个空间的单调，
更有家的温度。花艺的运用更让空间增添了几分细腻柔和、中和了金属水泥的硬朗粗犷。

鸣谢

学习软装设计，首先要了解软装基础知识，本书邀请到国内知名软装设计师徐开明为本书做美术排版设计，并作为特邀顾问参与策划了书中的"软装设计基础"章节内容，对软装方案与设计流程进行详细解读。

徐 开明

毕业于中国美院，6 年平面设计师工作经验，8 年软装设计师工作经验，是国内第一批专业从事软装设计的工作者。具有较高的审美意识和艺术鉴赏力，熟悉软装艺术的历史风格，精通软装设计流程与方案设计。
曾在浙江、江苏等地主持过多家知名房地产企业的样板间软装搭配，并应邀国内多家软装培训机构讲学。

色彩搭配既是软装设计中最重要的一环，又是成为软装设计师的必备基础。本书邀请到国内知名室内设计师刘方达参与策划"软装色彩搭配"的章节内容，对不同室内设计风格的常用色彩设计方案进行详细解读。

刘 方达

曾就读于西安美术学院环艺设计系，毕业作品由西安美院博物馆永久收藏。中国装饰协会注册室内高级建筑师，中国室内设计联盟特聘专家讲师，腾讯课堂认证机构讲师，曾受邀为多本软装教材解析色彩设计方案。
曾出任上市公司——深圳奇信建设集团西北大区设计总监，擅长色彩搭配与软装方案设计，精通室内手绘，具有较高的美术功底与色彩审美修养，经常为高端别墅客户与商业地产客户提供软装设计服务。

软装设计的内容繁多，涉及面广，具体包含色彩、图案、家具、灯饰、布艺、花艺、装饰画等多个环节的内容。作为一本知识全面的软装设计教材，需要不同细分专业领域的专家集体智慧进行打造。本书邀请以下 7 位国内知名室内设计师作为软装顾问，参与策划"软装元素运用"的章节内容，对软装细节进行详细解读。

赵 芳节

北京锦楠装饰公司首席设计师，中国建筑装饰协会高级室内建筑师，中国国际室内设计联合会会员，中国室内设计联盟文化课特约专家讲师。沉迷于中式传统文化，擅长禅意东方风格、新中式风格的软装设计。
曾获 2015 第三届金创意奖国际空间设计大赛《2015 年度十大精英设计师奖》，2015 年度中国家居"营造空间"优秀设计作品金奖、银奖，2015 年度中国家居装饰界接触创意设计师。

李 文彬

武汉 80 后新锐设计师代表人物，武汉十大设计师，桃弥室内设计工作室创始人。作品多次刊登《时尚家居》《瑞丽家居》等主流家居杂志，央视"交换空间"常驻推荐设计师。以个性、人性化定制设计著称。
设计不仅要提升生活品质，展现生活内涵，更要独一无二引领潮流，将实用与美学结合，把设计的魅力发挥到极致。

姚 小龙

国家二级注册建造师，南京市室内设计学会会员，现任南京臻典建筑装饰工程有限公司总设计师。南京《D-Life 设计与生活》杂志特约编委，南京新闻频率"完美空间"栏目专家设计师，2015 年大师工作营（广州设计周）毕业展落地负责人。
2015 年金堂奖年度优秀餐饮空间设计奖，2015 年金堂奖年度优秀住宅空间设计奖，2015 年艾特奖最佳餐饮空间设计入围奖，2015 年艾特奖最佳公寓设计入围奖。

张 成

成艺设计事务所创始人，擅长新中式、现代简约、地中海、混搭、自然风格。中国信息产业部注册设计师，河北省十大杰出室内设计精英，搜狐网中国室内设计精英圈发起人，搜狐第七届全国室内设计大赛十大优秀设计师，2015 年度中国室内设计华鼎奖获得者。
一个在中国设计界"独"一帜的家伙，一个代表新锐有"创新"思想的 80 后，一个阳刚正气对审美绝对较真的人，一个豁达开朗又较着细节的艺术家，一个站在风口浪尖的焦点话题人物，一个热爱设计并且坚持个性的人，一个懂得感恩的设计者……

周 晓安

苏州周晓安室内设计事务所设计总监，近十年室内设计工作经验，作品入选《装潢世界》《家居世界》等多本专业室内设计知名刊物，主持过多个别墅与房地产样板间的软装设计，并受邀担任家饰杂志期刊讲解嘉宾。
2014 年荣获中国优秀青年设计师，2014 年苏州首届室内设计达人大奖赛十大人气设计师，2014 年陈设艺术设计大奖赛别墅类铜奖，2015 年荣获第十二届中国室内设计明星大赛华东赛区金奖，全国铜奖。

张 君

深圳独立设计师代表人物，深圳房网十大优秀设计师，2010 年独立创办深圳市迪尚室内设计工作室，作品曾多次刊登《南方都市报》的家居栏目专刊及国内知名家居设计杂志。
以提升高素质人群的品味生活方式为至尚追求，注重软装搭配，专注打造私人定制空间，每套设计作品都各有个性与特色，近几年专注美式、法式、北欧风格的设计研究。

朱 迎松

任新城控股集团设计中心副总，东华大学艺术设计学院客座教授，获得中装协颁发中国杰出中青年室内建筑师荣誉称号，商业设计心理学倡导者；获得中国地产人设计杰出贡献奖。
以"腔调美学"设计著称，设计不仅是倡导功能，创造美学的同时也是生活方式的革命，带来有品质、有腔调的个性主张。作品多次获得艾特奖上海 TOP10 大奖，苏梨杯"江南之韵"室内设计大赛银奖，中国室内设计联赛二等奖、优秀奖等大奖。